生态文明建设理论与实践研究

（2022年）

生态环境部环境与经济政策研究中心　编著

人民日报出版社
北京

图书在版编目（CIP）数据

生态文明建设理论与实践研究. 2022 年／生态环境
部环境与经济政策研究中心编著. —北京：人民日报出
版社，2023.9
ISBN 978-7-5115-7966-9

Ⅰ.①生… Ⅱ.①生… Ⅲ.①生态环境建设—研究—
中国 Ⅳ.①X321.2

中国国家版本馆 CIP 数据核字（2023）第 171416 号

书　　名：**生态文明建设理论与实践研究**
　　　　　SHENGTAI WENMING JIANSHE LILUN YU SHIJIAN YANJIU
编　　著：生态环境部环境与经济政策研究中心

出 版 人：刘华新
责任编辑：寇　诏
封面设计：人文在线

出版发行：人民日报出版社
社　　址：北京金台西路 2 号
邮政编码：100733
发行热线：（010）65369527　65369512　65369509　65369510
邮购热线：（010）65369530
编辑热线：（010）65363105
网　　址：www.peopledailypress.com
经　　销：新华书店
印　　刷：三河市龙大印装有限公司

开　　本：710mm×1000mm　　1/16
字　　数：168 千字
印　　张：15
印　　次：2023 年 9 月第 1 版　　2023 年 9 月第 1 次印刷

书　　号：ISBN 978-7-5115-7966-9
定　　价：68.00 元

《生态文明建设理论与实践研究（2022 年）》
编 委 会

目　录
Contents

理论篇

实践篇

传播篇

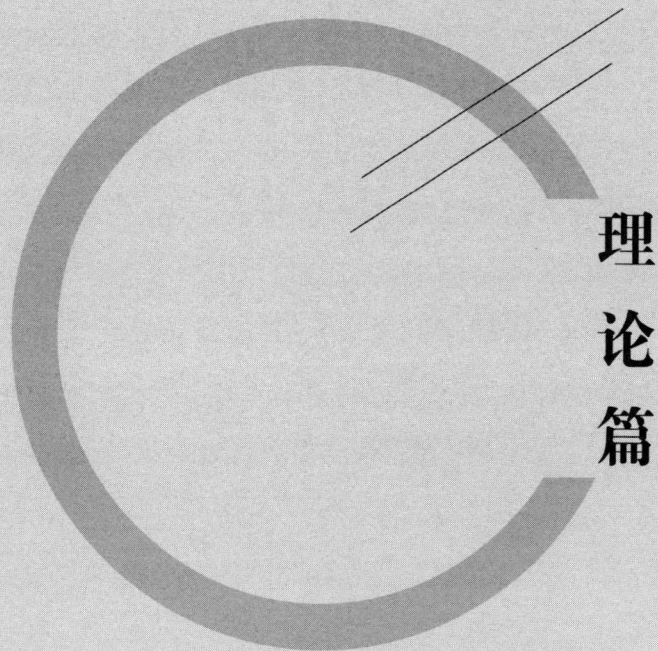

理 论 篇

习近平生态文明思想：
新时代生态文明建设的根本遵循[*]

生态文明建设是关乎中华民族永续发展的根本大计。党的十八大以来，以习近平同志为核心的党中央，传承中华优秀传统文化，顺应时代潮流和人民意愿，站在坚持和发展新时代中国特色社会主义、实现中华民族伟大复兴中国梦的战略高度，围绕推进生态文明建设和生态环境保护，提出一系列新理念新思想新战略，系统形成了习近平生态文明思想。

习近平生态文明思想的发展过程

习近平生态文明思想根植于中华优秀传统生态文化，蕴含对生态治理需求的深刻观照，传递对人类文明走向的深邃思考，承载着一代代中国共产党人对人与自然和谐共生的执着探索，凝结着习近平

* 原文刊登于《紫荆》杂志 2022 年 4 月号，作者：钱勇。

总书记对生态文明的深邃思考、科学认知和生动实践，是从实践中萌发并不断发展丰富的思想。

人与自然的关系是人类社会的基本关系。工业文明在创造巨大物质财富的同时，也带来全球性生态危机，威胁着人类的生存和发展。中华民族向来尊重自然、热爱自然，绵延 5000 多年的中华文明孕育着丰富的生态文化。新中国成立以来，中国共产党始终坚守初心使命，不断深化对人与自然生命共同体的规律性认识，领导人民在正确处理人口与资源、经济发展与环境保护关系等方面不懈探索。

党的十八大以来，以习近平同志为核心的党中央，深刻把握共产党执政规律、社会主义建设规律、人类社会发展规律，在几代共产党人不懈探索的基础上，把马克思主义关于人与自然关系的思想同中国特色社会主义生态文明建设实践紧密结合起来，不断提炼和升华生态文明建设的最新实践、最新成果、最新经验，以新的视野、新的认识、新的理念，赋予生态文明建设理论新的时代内涵，把党对生态文明的认识和把握提升到一个新高度。

作为习近平生态文明思想的主要创立者，习近平同志无论在地方工作还是到中央工作，都对生态环境工作看得很重，历来把生态文明建设摆在全局工作的突出位置，以伟大的历史主动精神、心系民生的赤诚情怀、强烈的时代责任担当和宽广的世界大同胸襟，创造性提出一系列新理念新思想新战略，推动开展一系列根本性、开创性、长远性工作，在卓越的理论创新和重大成就的厚实基础上，水到渠成地形成了系统科学、逻辑严密的习近平生态文明思想。

2018 年 5 月，中共中央召开全国生态环境保护大会，正式确立习近平生态文明思想。习近平生态文明思想集中体现了中国共产党的历史自信、执政理念、时代使命，闪耀着马克思主义真理光辉，为建设美丽中国、实现中华民族永续发展提供了根本遵循。

习近平生态文明思想的丰富内涵

习近平生态文明思想内涵丰富、博大精深、深中肯綮，深刻回答了为什么建设生态文明、建设什么样的生态文明、怎样建设生态文明等重大理论和实践问题，核心要义体现为"八个坚持"①。

一是坚持生态兴则文明兴的深邃历史观。习近平总书记指出："生态环境是人类生存和发展的根基，生态环境变化直接影响文明兴衰演替。"生态文明是人类社会进步的重大成果，是实现人与自然和谐发展的必然要求，是关乎人类福祉和民族未来的长远大计。必须更加全面地把握生态与文明的关系，主动认识与遵循经济社会现代化建设规律和人类文明发展规律，坚持走生产发展、生活富裕、生态良好的文明发展道路，大力推进生态文明建设，实现中华民族永续发展。

二是坚持人与自然是生命共同体的科学自然观。人因自然而生，人与自然是一种共生关系。保护自然就是保护人类，建设生态文明就是造福人类；人类对大自然的伤害最终会伤及人类自身，这是不可抗拒的规律。必须尊重自然、顺应自然、保护自然，像保护眼睛一样保护生态环境，像对待生命一样对待生态环境，以自然之道，养万物之

---

① 2022年7月，中共中央宣传部、生态环境部组织编写的《习近平生态文明思想学习纲要》由学习出版社、人民出版社联合出版，该书将习近平生态文明思想的主要内容总结为"十个坚持"。

生，在保护自然中寻找发展机遇，努力建设人与自然和谐共生的现代化。

三是坚持绿水青山就是金山银山的绿色发展观。绿水青山既是自然财富、生态财富，又是社会财富、经济财富。保护生态环境就是保护生产力，改善生态环境就是发展生产力。发展经济不能对资源和生态环境竭泽而渔，生态环境保护也不是舍弃经济发展而缘木求鱼。人不负青山，青山定不负人。必须处理好绿水青山和金山银山的关系，坚定不移保护绿水青山，努力把绿水青山蕴含的生态产品价值转化为金山银山，实现发展和保护协同共进。

四是坚持良好生态环境是最普惠的民生福祉的基本民生观。良好的生态环境是人类生存与健康的基础，是最公平的公共产品，是最普惠的民生福祉，保护生态环境关系最广大人民的根本利益。习近平总书记指出："环境就是民生，青山就是美丽，蓝天也是幸福。"加强生态文明建设是人民群众追求高品质生活的共识和呼声。必须坚持生态惠民、生态利民、生态为民，把解决突出生态环境问题作为民生优先领域，提供更多优质生态产品，让良好生态环境成为人民幸福生活的增长点。

五是坚持山水林田湖草沙一体化保护和系统治理的整体系统观。生态是统一的自然系统，是相互依存、紧密联系的有机链条。必须坚持系统观念，更加注重综合治理、系统治理、源头治理，避免头痛医头、脚痛医脚。要按照生态系统的整体性、系统性及其内在规律，推进山水林田湖草沙一体化保护和系统治理，着力提高生态系统自我修复能力，增强生态系统稳定性，促进自然生态系统质量的整体改善和生态产品供给能力的全面增强，守住自然生态安全边界。

六是坚持用最严格制度最严密法治保护生态环境的严密法治观。习近平总书记指出："只有实行最严格的制度、最严密的法治，才能为生态文明建设提供可靠保障。"必须把制度建设作为推进生态文明建设的重中之重，按照国家治理体系和治理能力现代化的要求，加快制度创新，增加制度供给，完善制度配套，构建产权清晰、多元参与、激励约束并重、系统完整的生态文明制度体系，把生态文明建设纳入制度化、法治化轨道。要强化制度执行，让制度成为刚性约束和不可触碰的高压线。

七是坚持建设美丽中国全民行动的社会共治观。美丽中国是人民群众共同参与、共同建设、共同享有的事业。每个人都是生态环境的保护者、建设者、受益者，没有哪个人是旁观者、局外人、批评家，谁也不能只说不做、置身事外。要建立健全以生态价值观念为准则的生态文化体系，牢固树立社会主义生态文明观，倡导简约适度、绿色低碳的生活方式，充分发挥人民群众的积极性、主动性、创造性，把建设美丽中国转化为每一个人的自觉行动。

八是坚持共谋全球生态文明建设的全球共赢观。生态文明是人类文明发展的历史趋势。生态文明建设，对人类文明发展进步具有十分重大的意义，是构建人类命运共同体的重要内容。保护生态环境是全球面临的共同挑战和共同责任，必须同舟共济、共同努力，深度参与全球生态环境治理，构筑尊崇自然、绿色发展的生态体系，积极应对气候变化，保护生物多样性，构建地球生命共同体，共建清洁美丽世界。

习近平生态文明思想的重大意义

习近平生态文明思想是习近平新时代中国特色社会主义思想的重要组成部分，为新时代推进美丽中国建设、实现人与自然和谐共生的现代化提供了根本遵循，具有创新的理论意义、重大的现实意义和鲜明的世界意义。

第一，对现代西方环境理论实现了超越。

习近平生态文明思想继承和发展马克思主义关于人与自然关系的思想精华和理论品格，科学运用系统观念看待和分析生态环境保护问题，揭示了人与自然之间、自然物之间的辩证统一关系，超越了现代西方环境理论中关于人与自然内在联系的片面认知。习近平生态文明思想不仅从历史和现实相结合的角度讲清楚了为什么要保护生态环境、建设生态文明的问题，而且从认识论、方法论层面阐明了如何在保护中发展、在发展中保护，从而实现人与自然和谐共生的路径和方法，破解了西方在经济社会发展和生态环境保护等方面非此即彼、二元对立的理论桎梏，为解决人与自然冲突提供了新的理论指引。

第二，为新时代生态文明建设实践提供了科学路径。

"十四五"时期我国进入新发展阶段，开启全面建设社会主义现代化国家新征程。立足新发展阶段、贯彻新发展理念、构建新发展格局，推动高质量发展，创造高品质生活，都对加强生态文明建设提出了新的更高要求。习近平生态文明思想着眼中国经济社会发展现实和未来，对新形势下生态文明建设实践的战略定位、目标任务、总体思路、重大原则作出科学谋划，创造性提出以降碳为源头治理的"牛鼻子"，把实现减污降碳协同增效作为促进经济社会发展全面绿色转型的总抓手，深入打好污染防治攻坚战，做到降碳、减污、扩绿、增长协同推进，加快推动绿色低碳发展，持续改善生态环境质量，推进生态环境治理体系和治理能力现代化的实践路径。

第三，为推动全球可持续发展贡献了中国智慧和中国方案。

建设绿色家园是人类共同的梦想。当前，全球可持续发展仍面临诸多困难和挑战。习近平生态文明思想反思并汲取"先污染、后治理、再转移"的西方传统工业化道路的教训，拓展与超越了全球可持续发展经验成果，准确把握了人类社会发展的总体趋势，凝结着对发展人类文明、建设清洁美丽世界的深刻思考。在习近平生态文明思想的引领下，我国秉持人类命运共同体理念，坚持多边主义，深度参与全球环境治理，切实履行气候变化、生物多样性等环境公约义务，有力推进绿色"一带一路"建设，为全球可持续发展提供中国智慧、中国方案，作出中国贡献。

党的十八大以来，在习近平生态文明思想的科学指引下，全党全国推动绿色发展的自觉性和主动性显著增强，美丽中国建设迈出重大步伐，我国生态环境保护发生历史性、转折性、全局性变化，在实现世所罕见的经济快速发展奇迹和社会长期稳定奇迹的同时，取得了举世瞩目的绿色发展奇迹，为全面建成小康社会增添了靓丽的绿色底色和厚重的质量成色。

雄关漫道真如铁，而今迈步从头越。全面建设社会主义现代化国家新征程已经开启，向第二个百年奋斗目标进军的号角已经吹响，推进生态文明建设使命更加光荣、责任更加重大、任务更加艰巨。我们要深刻领会"两个确立"的决定性意义，更加紧密地团结在以习近平同志为核心的党中央周围，以习近平新时代中国特色社会主义思想和习近平生态文明思想为指引，牢记"国之大者"，做习近平生态文明思想的坚定信仰者、忠实践行者、不懈奋斗者，为建设美丽中国、实现人与自然和谐共生的现代化作出更大贡献。

深入理解和科学把握习近平生态文明思想[*]

2021 年 10 月 12 日，国家主席习近平以视频方式出席在昆明举行的《生物多样性公约》第十五次缔约方大会（COP15）领导人峰会并发表主旨讲话，站在促进人类可持续发展的高度，深刻阐释保护生物多样性、共建地球生命共同体的重大意义，充分体现了习近平主席大国领袖的世界视野和天下情怀，再次彰显了习近平生态文明思想的真理伟力和实践伟力。我们要深入学习贯彻习近平生态文明思想，坚持学思用贯通、知信行统一，始终做坚定信仰者、忠实践行者、不懈奋斗者。

深刻理解习近平生态文明思想的核心要义

习近平生态文明思想是习近平新时代中国特色社会主义思想的重要组成部分，内涵丰富、博大精深、深中肯綮。核心要义主要体现

　＊　原文刊登于《社会主义论坛》2022 年第 5 期，作者：俞海。

11

为坚持生态兴则文明兴、坚持人与自然是生命共同体、坚持良好生态环境是最普惠的民生福祉、坚持绿水青山就是金山银山、坚持山水林田湖草沙一体化保护和系统治理、坚持用最严格制度最严密法治保护生态环境、坚持建设美丽中国全民行动、坚持共谋全球生态文明建设①。系统回答了为什么建设生态文明、建设什么样的生态文明、怎样建设生态文明等重大理论和实践问题，是新时代推进美丽中国建设、实现人与自然和谐共生现代化的方向指引、根本遵循和行动指南。

习近平生态文明思想深刻阐释了人与自然的关系，为筑牢中华民族伟大复兴绿色根基提供了方向引领。人与自然是生命共同体；保护自然就是保护人类，建设生态文明就是造福人类；人类对大自然的伤害最终会伤及人类自身，这是不可抗拒的规律。这些重要论述深刻揭示了人类文明发展规律、自然规律和经济社会发展规律，厘清并回溯了社会主义生态文明的哲学源头，饱含了谋求人与自然和谐共生的绿色发展理念，指引我们走一条生产发展、生活富裕、生态良好的文明发展道路，引领中华民族在实现伟大复兴征程上阔步前行。

习近平生态文明思想深刻阐释了环境与民生的关系，为坚持以人民为中心的发展思想赋予了新的特征和内涵。良好生态环境是最公平的公共产品、最普惠的民生福祉。习近平总书记将生态环境提升到关系党的使命宗旨的重大政治问题和关系民生的重大社会问题的战略高度，阐明了生态环境在民生改善中的重要地位，是对人民群众日益增长的优美生态环境需要的积极回应，深化和拓展了传统民生

---

① 2022 年 7 月，中共中央宣传部、生态环境部组织编写的《习近平生态文明思想学习纲要》由学习出版社、人民出版社联合出版，该书将习近平生态文明思想的主要内容总结为"十个坚持"。

概念，以及我们党践行以人民为中心的发展思想的内涵。要把优美的生态环境作为党和政府必须提供的基本公共服务，让人民群众在天蓝、地绿、水清的环境中生产生活，不断提升优美生态环境给人民群众带来的幸福感、获得感和安全感。

习近平生态文明思想深刻阐释了发展与保护的关系，为新时代坚持和发展中国特色社会主义锚定了价值坐标。2005 年 8 月，时任浙江省委书记的习近平同志首次提出"绿水青山就是金山银山"的重要论述，深刻阐述了生态环境保护与经济社会发展之间辩证统一的关系。党的十八大以来，习近平总书记一以贯之反复强调要牢固树立"绿水青山就是金山银山"的理念。"绿水青山就是金山银山"的理念，揭示了"保护生态环境就是保护生产力、改善生态环境就是发展生产力"的道理，丰富和拓展了马克思主义生产力基本原理的内涵，引领治国理政理念和方式发生深刻转变，为破解发展与保护难题、实现人与自然和谐共生的现代化提供了新路径。

习近平生态文明思想深刻阐释了自然生态各要素之间的关系，提出山水林田湖草沙是生命共同体的系统思想。马克思主义认为，自然界是一个具有自组织功能的有机整体。习近平总书记强调，生态是统一的自然系统，是相互依存、紧密联系的有机链条。人的命脉在田，田的命脉在水，水的命脉在山，山的命脉在土，土的命脉在林和草，这个生命共同体是人类生存发展的物质基础。这些重要论述揭示了生态环境的整体性、系统性及其内在发展规律，为推进生态文明建设和生态环境保护提供了基本遵循，要求我们从系统工程和全局角度推进生态环境治理，统筹考虑自然生态各要素、山上山下、地上地下、陆地海洋以及流域上下游和左右岸，进行整体保护、系统修复、综合治理。

习近平生态文明思想深刻阐释了国内与国际的关系，为共谋全球生态文明建设厚植了中国智慧和中国方案。习近平总书记强调："生态文明建设关乎人类未来，建设绿色家园是人类的共同梦想。""要深度参与全球环境治理，增强我国在全球环境治理体系中的话语权和影响力，积极引导国际秩序变革方向，形成世界环境保护和可持续发展的解决方案。"在习近平生态文明思想的指引下，我国秉持人类命运共同体理念，坚决维护多边主义，建设性参与全球环境治理，将不断提升作为全球生态文明建设重要参与者、贡献者、引领者的地位和作用。

习近平生态文明思想的重大意义

习近平生态文明思想是马克思主义关于人与自然关系的思想同中国生态文明建设实践相结合的重大理论成果，是以习近平同志为核心的党中央治国理政思想在生态文明建设领域的集中体现，是党和国家宝贵的理论成果和精神财富，是人类社会实现可持续发展的共同思想财富，具有重大的理论意义、历史意义、现实意义和世界意义。

习近平生态文明思想的创新理论意义。习近平生态文明思想继承和发展了马克思主义关于人与自然关系的思想精华和理论品格，提出一系列新理念新思想新战略，创造性地丰富和拓展了马克思主义自然观，是马克思主义自然观的时代发展和中国化，是马克思主义人与自然观的一次新飞跃。习近平生态文明思想开辟了马克思主义人与自然关系思想的新境界，体现了习近平总书记作为马克思主义政治家、思想家、战略家的深刻洞察力、敏锐判断力和理论创造力。

习近平生态文明思想的深远历史意义。习近平生态文明思想根植和升华于生生不息的中华文明之中，继承了历史悠久的中国传统哲学基因，传承了中华优秀传统文化中的生态智慧，深刻阐述了人与自然和谐共生的内在规律和本质要求，推动中华优秀传统生态文化创造性转化和创新性发展，让古老的中国优秀传统生态文化在 21 世纪的当代中国焕发出新的生机活力。习近平总书记充分汲取中华优秀传统生态文化营养，以深邃的历史视角阐明了生态文明建设与人类文明发展的关系，对引领中华民族实现永续发展具有十分重要的意义。

习近平生态文明思想的重大现实意义。党的十八大以来，我国生态文明建设发生历史性、转折性、全局性变化，根本在于以习近平同志为核心的党中央的坚强领导，根本在于习近平生态文明思想的科学指引。习近平生态文明思想对新形势下生态文明建设的战略定位、目标任务作出深刻阐述，对坚持什么、反对什么作出鲜明回答，对总体思路、重大原则、建设路径以及当前任务作出科学谋划，为生态文明建设提供了科学、系统、长远的指导思想和实践指南。

习近平生态文明思想的鲜明世界意义。习近平总书记从人类前途命运出发，着眼经济、政治、文化、社会、生态全方位发展，系统考虑资源环境等重大问题，推动在更高层次上实现人与自然、环境与经济、人与社会的和谐。习近平生态文明思想强调共同建设清洁美丽世界、共同构建人类命运共同体，在全球大国治国理政实践中独树一帜，为构建人类命运共同体、实现全球可持续发展提出中国方案、贡献中国智慧，彰显中国特色、战略眼光和世界价值。

新征程上全面贯彻习近平生态文明思想

深入学习贯彻习近平生态文明思想，就要科学把握习近平生态文明思想的实践要求。习近平总书记在庆祝中国共产党成立 100 周年大会上指出，"坚持人与自然和谐共生，协同推进人民富裕、国家强盛、中国美丽"。我们要认真学习贯彻落实习近平总书记的重要讲话精神，从党的百年奋斗历程中汲取智慧和力量，在新的征程上，完整、准确、全面贯彻新发展理念，坚持稳中求进，保持战略定力，努力建设人与自然和谐共生的美丽中国，以实际行动迎接党的二十大胜利召开。

加快推动绿色低碳循环发展。面对环境与气候的双重挑战，推动绿色低碳循环发展，是构建高质量现代化经济体系的必然要求、解决污染问题的根本之策。作为世界上最大的发展中国家，我们不能再沿袭发达国家走过的高耗能、高排放的老路，必须走出一条绿色低碳循环发展的新路子。要把"实现减污降碳协同效应"作为总要求，把碳达峰、碳中和纳入生态文明建设整体布局和经济社会发展全局，落实好碳达峰碳中和"1+N"政策体系。坚定不移把降碳摆在更加突出、更加优先的位置，推动产业结构、能源结构、交通运输结构优化调整。统筹推进区域绿色协调发展，加快形成节约资源和保护环境的产业结构、生产方式、生活方式、空间格局。加快建立健全绿色低碳循环发展经济体系，推动实现高质量发展。

深入打好污染防治攻坚战。中国特色社会主义进入新时代，我国社会主要矛盾已经转化为人民日益增长的美好生活需要和不平衡不充分的发展之间的矛盾，生态环境是其中的一个重要方面。党的十九届五中全会提出，"深入打好污染防治攻坚战"。要全面贯彻落实《中共中央 国务院关于深入打好污染防治攻坚战的意见》，以改善生态环境质量为核心，坚持精准治污、科学治污、依法治污，坚持系统观念，持续打好蓝天、碧水、净土保卫战，推动污染防治在重点区域、重点领域、关键指标上实现新突破，实现生态环境质量改善由量变到质变，不断增强人民群众生态环境改善的获得感、幸福感、安全感。

提升生态系统质量和稳定性。这既是增加优质生态产品供给的必然要求，也是减缓和适应气候变化带来不利影响的重要手段。实施重要生态系统保护和修复重大工程、山水林田湖草沙一体化保护和修复工程，科学推进荒漠化、石漠化、水土流失综合治理，开展大规模国土绿化行动，实施河口、海湾、滨海湿地、典型海洋生态系统保护修复。实施生物多样性保护重大工程，完善以国家公园为主体的自然保护地体系，构筑生物多样性保护网络。加强自然保护地和生态保护红线监管，依法加大生态破坏问题监督和查处力度。深入推动生态文明建设示范创建、"绿水青山就是金山银山"实践创新基地建设和美丽中国地方实践。

提高生态环境治理体系和治理能力现代化水平。党的十九届四中全会对"坚持和完善生态文明制度体系，促进人与自然和谐共生"作出重大部署，从实行最严格的生态环境保护制度、全面建立资源高效利用制度、健全生态保护和修复制度、严明生态环境保护责任制度四个方面提出明确要求。要深化生态文明体制改革，建立健全环境治理的领导责任体系、企业责任体系、全民行动体系、监管体系、市场体系、信用体系、法律法规政策体系，构建党委领导、政府主导、企业主体、社会组织和公众共同参与的大环保格局。完善生态文明领域统筹协调机制，健全环境经济政策，完善资金投入机制。加强系统监管和全过程监管。深入推进生态文明体制改革，强化绿色发展法律和政策保障。倡导简约适度、绿色低碳的生活方式，把建设美丽中国转化为全体人民的自觉行动。

推动构建地球生命共同体。建设绿色家园是人类的共同梦想。面对全球环境治理前所未有的困难，国际社会要以前所未有的雄心和行动，勇于担当，勠力同心，共同构建人与自然生命共同体。作为全球生态文明建设的重要参与者、贡献者、引领者，我们要始终秉持人与自然生命共同体理念，坚持多边主义，深度参与全球环境治理，切实履行气候变化、生物多样性等环境公约义务，有力推进绿色"一带一路"建设。全力做好《生物多样性公约》第十五次缔约方大会（COP15）第二阶段会议筹办工作，推动制定兼具雄心和务实的"2020 年后全球生物多样性框架"。积极推进习近平生态文明思想国际传播，讲好生态文明的中国故事。

深刻把握美丽中国建设的根本遵循*

党的十八大以来，美丽中国建设迈出重大步伐，我国生态环境保护发生历史性、转折性、全局性变化。新时代美丽中国建设能够开创新局面，根本在于以习近平同志为核心的党中央坚强领导，在于习近平生态文明思想的科学指引。习近平生态文明思想深刻回答了为什么建设生态文明、建设什么样的生态文明、怎样建设生态文明等重大理论和实践问题，是党领导人民推进生态文明建设取得的标志性、创新性、战略性重大理论成果，为建设美丽中国提供了根本遵循。

坚持和加强党对生态文明建设的全面领导。习近平总书记指出，"要在党中央集中统一领导下，发挥我国社会主义制度集中力量干大事的优越性，牢固树立'一盘棋'思想，更加注重保护和治理的系统性、整体性、协同性"。以习近平同志为核心的党中央加强党对生态文明建设的全面领导，作出一系列重大战略部署。在"五位一体"总体布局中，生态文明建设是其中一位；在新时代坚持和发展中国特色社会主义的基本方略中，坚持人与自然和谐共生是其中一条；在新

＊ 原文刊登于《人民日报》2022 年 6 月 1 日第 9 版，作者：俞海、张强。

发展理念中，绿色是其中一项；在三大攻坚战中，污染防治是其中一战；在到21世纪中叶建成社会主义现代化强国目标中，美丽中国是其中一个。这一系列重要部署，充分体现党中央对生态文明建设的高度重视，明确了生态文明建设在党和国家事业发展全局中的重要地位。建设美丽中国，必须坚持和加强党对生态文明建设的全面领导，不断提高政治判断力、政治领悟力、政治执行力，心怀"国之大者"，把生态文明建设摆在全局工作的突出位置，确保党中央关于生态文明建设的各项决策部署落地见效。

坚持生态兴则文明兴。习近平总书记指出："生态环境是人类生存和发展的根基，生态环境变化直接影响文明兴衰演替。"纵观人类文明发展史，生态兴则文明兴，生态衰则文明衰，古今中外这方面的例子有许多。生态文明是人类社会进步的重大成果，是实现人与自然和谐发展的必然要求，是人类文明发展的历史趋势，是新时代中国特色社会主义的一个重要特征。习近平生态文明思想深刻把握人类文明发展规律，指明工业化进程创造了前所未有的物质财富，也产生了难以弥补的生态创伤，杀鸡取卵、竭泽而渔的发展方式走到了尽头，顺应自然、保护生态的绿色发展昭示着未来；强调从根本上解决生态环境问题，必须贯彻绿色发展理念，坚决摒弃损害甚至破坏生态环境的增长模式，加快形成节约资源和保护环境的空间格局、产业结构、生产方式、生活方式，把经济活动、人的行为限制在自然资源和生态环境能够承受的限度内，给自然生态留下休养生息的时间和空间。习近平生态文明思想深刻阐明生态文明建设的重大理论和实践问题，为人类文明的持续繁荣发展提供了思想指引。建设美丽中国，必须深化对人类文明进步与自然环境关系的认识，全面加快生态文明建设，筑牢中华民族永续发展的生态根基。

坚持人与自然和谐共生。习近平总书记强调："人因自然而生，人与自然是一种共生关系，对自然的伤害最终会伤及人类自身。"习近平生态文明思想继承和发展马克思主义人与自然关系理论，传承中华优秀传统文化中的生态智慧，科学阐明人因自然而生，人与自然是一种共生关系；自然是生命之母，大自然是包括人在内一切生物的摇篮，是人类赖以生存发展的基本条件；人类可以利用自然、改造自然，但归根结底是自然的一部分；等等。这些重要思想深刻揭示了人与自然之间的关系，阐明了社会主义生态文明建设的哲学依据，为实现中华民族永续发展擘画了蓝图、指明了方向。建设美丽中国，必须站在人与自然和谐共生的高度谋划经济社会发展，还自然以宁静、和谐、美丽。

坚持绿水青山就是金山银山。习近平总书记指出："我们既要绿水青山，也要金山银山。宁要绿水青山，不要金山银山，而且绿水青山就是金山银山。"习近平生态文明思想内含绿水青山就是金山银山的绿色发展观，强调绿水青山既是自然财富、生态财富，又是社会财富、经济财富；保护生态环境就是保护自然价值和增值自然资本，就是保护经济社会发展潜力和后劲，使绿水青山持续发挥生态效益和经济社会效益。绿水青山就是金山银山的理念深刻揭示了发展与保护的辩证统一关系，破解了西方在经济社会发展和生态环境保护等方面非此即彼、二元对立的僵化思维，实现了对马克思主义生产力理论的丰富与发展。牢固树立和切实践行绿水青山就是金山银山的理念，我国经济社会发展经济效益、社会效益、生态效益同步提升。2021 年我国国内生产总值超 114 万亿元，占全球经济的比重由 2012

年的 11.4% 上升到 18% 以上，作为世界第二大经济体的地位得到巩固提升，人均国内生产总值超 8 万元，超过世界人均国内生产总值水平，接近高收入国家门槛。同时，我国植树造林约占全球人工造林的 1/4，单位国内生产总值二氧化碳排放量累计下降约 34%，风电、光伏发电等绿色电力的装机容量和新能源汽车产销量居世界第一。建设美丽中国，必须加快建立健全以产业生态化和生态产业化为主体的生态经济体系，推动经济社会全面绿色转型，协同推进人民富裕、国家强盛、中国美丽。

坚持良好生态环境是最普惠的民生福祉。习近平总书记强调："环境就是民生，青山就是美丽，蓝天也是幸福。"中国特色社会主义进入新时代，人民群众对优美生态环境有了更高的期盼和要求，生态环境在群众生活幸福指数中的地位不断凸显。习近平生态文明思想创造性提出，良好生态环境是最基本的公共产品和最普惠的民生福祉，指明生态环境在民生改善中的重要地位，深化和拓展了传统民生概念，丰富和发展了以人民为中心的发展思想，深刻回答了生态文明建设的目标指向，实现了对西方以资本为中心的现代化、两极分化的现代化、物质主义膨胀的现代化的超越。建设美丽中国，必须把优美的生态环境作为一项基本公共服务，深入打好污染防治攻坚战，不断提升人民群众的生态环境获得感、幸福感、安全感。

坚持山水林田湖草沙一体化保护和系统治理。习近平总书记指出："生态是统一的自然系统，是相互依存、紧密联系的有机链条。"习近平生态文明思想强调从生态系统整体性出发，统筹山水林田湖草沙系统治理，实施好生态保护修复工程，加大生态系统保护力度，提升生态系统稳定性和可持续性，优化生态安全屏障体系，构建生态廊道和生物多样性保护网络，深刻揭示了生态环境的整体性、系统性及其内在发展规律，为新时代生态文明建设提供了方法论指导。建设美丽中国，必须坚持系统观念，更加注重综合治理、系统治理、源头治理，统筹考虑自然生态各要素、山上山下、地上地下、陆地海洋以及流域上下游、左右岸，进一步增强生态系统保护的整体性、系统性、协同性，全方位、全地域、全过程开展生态文明建设。

坚持用最严格制度最严密法治保护生态环境。习近平总书记强调："只有实行最严格的制度、最严密的法治，才能为生态文明建设提供可靠保障。"习近平生态文明思想全面总结我国生态文明建设经验，强调保护生态环境必须依靠制度、依靠法治，实行最严格的生态环境保护制度，坚持源头严防、过程严管、后果严惩，治标治本多管齐下，牢固树立起用最严格制度、最严密法治保护生态环境的观念，深刻回答了生态文明建设的保障机制问题。制度的生命力在于执行，关键在真抓，靠的是严管。建设美丽中国，必须按照源头严防、过程严管、后果严惩的思路，构建产权清晰、多元参与、激励约束并重、系统完整的生态文明制度体系，不断提高生态环境领域国家治理体系和治理能力现代化水平。

坚持建设美丽中国全民行动。习近平总书记指出："生态文明是人民群众共同参与共同建设共同享有的事业，要把建设美丽中国转化为全体人民自觉行动。"习近平生态文明思想强调每个人都是生态环境的保护者、建设者、受益者，没有哪个人是旁观者、局外人、批评家，谁也不能只说不做、置身事外，深刻回答了生态文明建设和生态环境保护的权责和行动主体问题，彰显坚持建设美丽中国全民行动的理念。建设美丽中国，必须牢固树立社会主义生态文明观，建立健全以生态价值观念为准则的生态文化体系，加强生态文明宣传教育，增强全民节约意识、环保意识、生态意识，倡导简约适度、绿色低碳的生活方式，引导社会组织和公众共同参与环境治理，把建设美丽中国转化为全体人民自觉行动，汇聚建设美丽中国的强大合力。

坚持共同推动全球生态文明建设。习近平总书记强调："生态文明建设关乎人类未来，建设绿色家园是人类的共同梦想，保护生态环境、应对气候变化需要世界各国同舟共济、共同努力，任何一国都无法置身事外、独善其身。"习近平生态文明思想站在对人类文明负责的高度，就共同构建地球生命共同体、清洁美丽世界提出中国方案、贡献中国智慧。在习近平生态文明思想指导下，我国主动承担应对气候变化的国际责任，积极参与全球生态文明建设合作，推动构建公平合理、合作共赢的全球环境治理体系，成为全球生态文明建设的重要参与者、贡献者、引领者。我国率先发布《中国落实 2030 年可持续发展议程国别方案》，向联合国交存《巴黎协定》批准文书，作出力争 2030 年前实现碳达峰、2060 年前实现碳中和的庄严承诺。这一系列重大决策和重要举措，体现了负责任大国的担当。建设美丽中国，必须开展全球行动、全球应对、全球合作，深度参与全球环境治理，凝聚全球环境治理合力，让发展成果、良好生态更多更公平惠及各国人民。

人不负青山，青山定不负人。党的十八大以来我国生态文明建设取得历史性成就，充分证明习近平生态文明思想的真理伟力、实践伟力。在实现第二个百年奋斗目标的新征程上，必须深入学习贯彻习近平生态文明思想，保持加强生态文明建设的战略定力，牢固树立绿水青山就是金山银山的理念，坚定不移走生态优先、绿色发展之路，推动形成人与自然和谐共生新格局，为建设天更蓝、山更绿、水更清、环境更优美的美丽中国作出更大贡献。

努力建设人与自然和谐共生的现代化

——深入学习贯彻习近平生态文明思想*

　　党的十九届六中全会审议通过《中共中央关于党的百年奋斗重大成就和历史经验的决议》（以下简称《决议》），以"十个明确"对习近平新时代中国特色社会主义思想核心内容进行系统概括。习近平生态文明思想是习近平新时代中国特色社会主义思想的重要组成部分，深刻阐明了人与自然的关系、发展与保护的关系、环境与民生的关系、自然生态各要素之间的关系，系统回答了为什么建设生态文明、建设什么样的生态文明、怎样建设生态文明等重大理论和实践问题，是新时代推进美丽中国建设、实现人与自然和谐共生现代化的方向指引、根本遵循和行动指南。

习近平生态文明思想的重大意义

　　习近平生态文明思想是马克思主义关于人与自然关系的思想同

　　* 原文刊登于《解放军理论学习》2022 年第 6 期，作者：胡军、宁晓巍。

中国生态文明建设实践相结合的重大理论成果，是以习近平同志为核心的党中央治国理政思想在生态文明建设领域的集中体现，是党和国家宝贵的理论成果和精神财富，是人类社会实现可持续发展的共同思想财富，具有重大理论意义、历史意义、现实意义和世界意义。

一是理论创新意义。习近平生态文明思想继承和发展了马克思主义关于人与自然关系的思想精华，创造性地丰富和拓展了马克思主义自然观，是马克思主义自然观的时代发展和中国化，体现了习近平总书记作为马克思主义政治家、思想家、战略家的深刻洞察力、敏锐判断力和理论创造力。

二是深远历史意义。习近平生态文明思想根植于中华优秀传统生态文化，继承了历史悠久的中国传统哲学基因，传承了中华文明孕育的丰富生态文化，以深邃的历史视角阐明了生态文明建设与人类文明发展的关系，必将引领中华民族实现永续发展。

三是重大现实意义。习近平生态文明思想对新形势下生态文明建设的战略定位、目标任务作出深刻阐述，对坚持什么、反对什么作出鲜明回答，对总体思路、重大原则、建设路径以及当前任务作出科学谋划，为生态文明建设提供了科学、系统、长远的指导思想和实践指南。

四是鲜明世界意义。习近平生态文明思想凝结着习近平总书记对发展人类文明、建设清洁美丽世界的深刻思考，在全球大国治国理政实践中独树一帜，为构建人类命运共同体、实现全球可持续发展提出中国方案、贡献中国智慧，彰显中国特色、战略眼光和世界价值。

习近平生态文明思想指引新时代生态文明建设
取得历史性成就、发生历史性变革

《决议》将生态文明建设作为新时代十三个方面成就之一进行总结概括，明确指出在习近平新时代中国特色社会主义思想特别是习近平生态文明思想的科学指引下，党中央以前所未有的力度抓生态文明建设，美丽中国建设迈出重大步伐，我国生态环境保护发生历史性、转折性、全局性变化。

一是生态文明战略地位显著提升。党的十八大以来，以习近平同志为核心的党中央，始终把生态文明建设摆在全局工作中的突出位置，在"五位一体"总体布局中，生态文明建设是其中重要的组成部分；在新时代坚持和发展中国特色社会主义基本方略中，坚持人与自然和谐共生是其中重要的一条；在新发展理念中，绿色是其中重要的一项；在三大攻坚战中，污染防治是其中重要的一战；在到21世纪中叶建成社会主义现代化强国目标中，美丽中国是其中重要的一个。2017年党的十九大修改通过的《中国共产党章程》增加"增强绿水青山就是金山银山的意识"等内容，2018年第十三届全国人民代表大会第一次会议通过的《中华人民共和国宪法修正案》将生态文明写入《中华人民共和国宪法》，实现了党的主张、国家意志、人民意愿的高度统一。

二是绿色低碳转型发展逐渐提速。坚决贯彻新发展理念，将碳达峰碳中和纳入生态文明建设整体布局和经济社会发展全局，大力推动产业结构、能源结构、交通运输结构、用地结构调整。2021 年，我国煤炭消费比重降低到 56%，清洁能源占比上升到 25.3%，光伏、风能装机容量、发电量，新能源汽车产销量均居世界首位。截至 2020 年底，我国单位国内生产总值二氧化碳排放较 2005 年降低约 48.4%，超额完成下降 40%~45% 的目标，基本扭转了二氧化碳排放快速增长的局面，正在走出一条人与自然和谐共生的中国式现代化道路。

三是生态环境质量明显改善。污染防治攻坚战阶段性目标任务圆满完成，生态环境质量明显改善，人民群众身边的蓝天白云、清水绿岸显著增多。2017 年至 2021 年，全国地级及以上城市优良天数比例上升 5 个百分点，达到 87.5%，细颗粒物（$PM_{2.5}$）浓度下降 25%、重污染天数下降近 40%；全国地表水 I~III 类断面比例上升 17 个百分点，达到 84.9%，劣 V 类水体比例下降至 1.2%；全国受污染耕地安全利用率和污染地块安全利用率双双超过 90%。森林覆盖率和森林蓄积量连续 30 年保持"双增长"。正式设立第一批国家公园，自然保护地面积占全国陆域国土面积的 18%。建立"三线一单"（生态保护红线、环境质量底线、资源利用上线和生态环境准入清单）生态环境分区管控体系，初步划定的生态保护红线面积约占陆域国土面积的 25% 以上。塞罕坝林场建设者、浙江省"千村示范、万村整治"工程荣获联合国环保最高荣誉"地球卫士奖"。

四是现代环境治理体系更加完善。实施主体功能区战略，建立健全自然资源资产产权制度、生态补偿制度、河湖长制、林长制、环境保护"党政同责"和"一岗双责"等制度，生态文明"四梁八柱"制度体系基本形成。开展中央生态环境保护督察，成为推动各地区各部门落实生态环境保护责任的硬招实招。基本建立覆盖各类环境要素的生态环境法律法规体系，实施"史上最严"新修订的《中华人民共和国环境保护法》，完成《中华人民共和国大气污染防治法》《中华人民共和国水污染防治法》《中华人民共和国土壤污染防治法》《中华人民共和国环境保护税法》《中华人民共和国核安全法》《中华人民共和国固体废物污染环境防治法》等10多部法律的制定、修订。生态环境保护综合行政执法改革持续深化，执法体系和能力建设得到加强。初步建成陆海统筹、天地一体、上下协同、信息共享的生态环境监测网络，建成并运行国家生态环境科技成果转化综合服务平台、生态环境监管大数据平台。

五是全球环境治理贡献日益凸显。推动《巴黎协定》达成、签署、生效和实施，作出力争2030年前实现碳达峰、2060年前实现碳中和的庄严承诺。加强中美、中欧气候领域对话，达成《中美应对气候危机联合声明》《中美关于在21世纪20年代强化气候行动的格拉斯哥联合宣言》。成功举办《生物多样性公约》第十五次缔约方大会（COP15）第一阶段会议，发布《昆明宣言》，推动建立"一带一路"绿色发展国际联盟，体现了负责任大国的担当。

深刻理解习近平生态文明思想的科学内涵和核心要义

习近平生态文明思想是一个系统完整、逻辑严密的科学理论体系。随着生态文明建设实践的不断丰富，理论研究的不断深入，制度创新的不断拓展，习近平生态文明思想的内涵在不断深化，主要体现为"八个坚持"①。

坚持生态兴则文明兴。生态兴则文明兴，生态衰则文明衰。生态文明建设是中华民族永续发展的根本大计，生态环境的变化直接影响文明的兴衰演替。必须站在中华民族永续发展的高度，更加全面地把握发展与保护的关系，大力推进生态文明建设，奋力实现中华民族伟大复兴的中国梦。

坚持人与自然和谐共生。大自然是生命之母，孕育抚养了人类，人类应该以自然为根。必须站在人与自然和谐共生的高度来谋划经济社会发展，尊重自然、顺应自然、保护自然，像保护眼睛一样保护生态环境，像对待生命一样对待生态环境，努力建设人与自然和谐共生的现代化。

坚持绿水青山就是金山银山。绿水青山既是自然财富，又是经济财富。保护生态环境就是保护生产力，改善生态环境就是发展生产力。人不负青山，青山定不负人。必须处理好绿水青山和金山银山的关系，坚定不移保护绿水青山，努力把绿水青山蕴含的生态产品价值转化为金山银山，促进经济发展和环境保护双赢。

坚持良好生态环境是最普惠的民生福祉。环境就是民生，青山就是美丽，蓝天也是幸福。加强生态文明建设是人民群众追求高品质生活的共识和呼声。必须落实以人民为中心的发展思想，解决好人民群众反映强烈的突出环境问题，提供更多优质生态产品，让人民过上高品质生活。

坚持山水林田湖草沙是生命共同体。生态是统一的自然系统，是

---

① 2022 年 7 月，中共中央宣传部、生态环境部组织编写的《习近平生态文明思想学习纲要》由学习出版社、人民出版社联合出版，该书将习近平生态文明思想的主要内容总结为"十个坚持"。

相互依存、紧密联系的有机链条。必须坚持系统观念，从生态系统整体性出发，推进山水林田湖草沙一体化保护和修复，更加注重综合治理、系统治理、源头治理，提升生态系统质量和稳定性，守住自然生态安全边界。

坚持用最严格制度最严密法治保护生态环境。保护生态环境必须依靠制度、依靠法治。要按照源头预防、过程控制、损害赔偿、责任追究的思路，构建产权清晰、多元参与、激励约束并重、系统完整的生态文明制度体系，强化制度供给和执行，让制度成为刚性约束和不可触碰的高压线。

坚持建设美丽中国全民行动。美丽中国是人民群众共同参与共同建设共同享有的事业。要建立健全以生态价值观念为准则的生态文化体系，牢固树立社会主义生态文明观，倡导简约适度、绿色低碳的生活方式，把建设美丽中国转化为每一个人的自觉行动。

坚持共谋全球生态文明建设。生态文明是人类文明发展的历史趋势，是构建人类命运共同体的重要内容。必须同舟共济、共同努力，构筑尊崇自然、绿色发展的生态体系，积极应对气候变化，保护生物多样性，建设清洁美丽世界，构建人与自然生命共同体。

以习近平生态文明思想为指引，
努力建设人与自然和谐共生的美丽中国

《决议》强调，坚持人与自然和谐共生，协同推进人民富裕、国家强盛、中国美丽。我们要深入学习贯彻习近平生态文明思想，认真贯彻落实党的十九届六中全会精神，从党的百年奋斗历程中汲取智慧和力量，在新的征程上，完整、准确、全面贯彻新发展理念，坚持稳中求进，保持战略定力，努力建设人与自然和谐共生的美丽中国，以实际行动迎接党的二十大胜利召开。

一是平衡和处理好生态环境保护同经济社会发展的关系，促进经济社会发展全面绿色转型。经济社会发展全面绿色转型，是建设人与自然和谐共生的美丽中国的内在要求。实现全面绿色转型，必须以资源节约、环境友好的方式获得经济增长，也就必然要求平衡和处理好生态环境保护同经济社会发展的关系。要完整、准确、全面贯彻新发展理念，保持战略定力，坚定不移走生态优先、绿色发展的高质量发展之路，加快推动形成绿色发展方式和生活方式，大力发展绿色产业，培育壮大绿色发展新动能，让良好生态环境成为经济社会持续健康发展的支撑点。

二是牢牢把握减污降碳协同增效的战略方向，大力推进绿色低碳循环发展。面对环境与气候的双重挑战，推动绿色低碳循环发展，是构建高质量现代化经济体系的必然要求、解决污染问题的根本之策。作为世界上最大的发展中国家，我们不能沿袭发达国家走过的高耗能、高排放的老路，必须走出一条绿色低碳循环发展的新路子。要把"实现减污降碳协同效应"作为总要求，把碳达峰、碳中和纳入生态文明建设整体布局，坚定不移把降碳摆在更加突出、优先的位置，推动产业结构、能源结构、交通运输结构优化调整，落实好碳达峰碳中和"1+N"政策体系，坚决遏制"两高"项目盲目发展，加快建立健全绿色低碳循环发展经济体系，推动实现高质量发展。

三是深入打好污染防治攻坚战，不断满足人民群众日益增长的优美生态环境需要。中国特色社会主义进入新时代，我国社会主要矛盾已经转化为人民日益增长的美好生活需要和不平衡不充分的发展之间的矛盾，生态环境是其中的一个重要方面。党的十九届五中全会作出深入打好污染防治攻坚战的重大战略部署。要全面贯彻落实《中共中央国务院关于深入打好污染防治攻坚战的意见》，以实现减污降碳协同增效为抓手，以改善生态环境质量为核心，坚持精准治污、科学治污、依法治污，坚持系统观念，持续打好蓝天、碧水、净土保卫战，推动污染防治在重点区域、重点领域、关键指标上实现新突破，实现生态环境质量改善由量变到质变，不断增强人民群众生态环境改善的获得感、幸福感、安全感。

四是提高生态环境治理体系和治理能力现代化水平，推动形成全社会共同建设美丽中国的强大合力。党的十九届四中全会对"坚持和完善生态文明制度体系，促进人与自然和谐共生"作出重大部署，从实行最严格的生态环境保护制度、全面建立资源高效利用制度、健全生态保护和修复制度、严明生态环境保护责任制度等四个方面提出明确要求。要构建党委领导、政府主导、企业主体、社会组织和公众共同参与的现代环境治理体系。完善生态文明领域统筹协调机制，健全环境经济政策，完善资金投入机制。加强系统监管和全过程监管。深入推进生态文明体制改革，强化绿色发展法律和政策保障。倡导简约适度、绿色低碳的生活方式，把建设美丽中国转化为全体人民自觉行动。积极发挥军队在生态文明建设中的支援功能和突击队作用，推动实现生态效益与社会效益双赢。

五是坚持构建人与自然生命共同体，为全球环境治理提供中国智慧和中国方案。建设绿色家园是人类的共同梦想。面对全球环境治理前所未有的困难，国际社会要以前所未有的雄心和行动，勇于担当，勠力同心，共同构建人与自然生命共同体。作为全球生态文明建设的重要参与者、贡献者、引领者，要始终秉持人与自然生命共同体理念，深度参与全球环境治理，切实履行气候变化、生物多样性等环境公约义务，有力推进绿色"一带一路"建设。全力做好《生物多样性公约》第十五次缔约方大会（COP15）第二阶段会议筹办工作，推动制定兼具雄心和务实的"2020年后全球生物多样性框架"。积极推进习近平生态文明思想国际传播，讲好生态文明的中国故事。

正确认识和把握碳达峰碳中和[*]

二氧化碳排放力争于 2030 年前达到峰值，努力争取 2060 年前实现碳中和，是以习近平同志为核心的党中央统筹国内国际两个大局作出的重大战略决策，是我们对国际社会的庄严承诺，也是推动高质量发展的内在要求。2021 年中央经济工作会议明确的五个新的重大理论和实践问题，其中之一就是要正确认识和把握碳达峰碳中和（"双碳"）。深入学习领会习近平总书记有关重要讲话精神，准确全面把握"双碳"工作的客观形势和实践要求，对于当前和今后一个时期扎实做好"双碳"工作具有重大的现实意义和指导作用。

实现"双碳"目标，不是别人让我们做，
是我们自己必须要做

习近平总书记多次强调，降低二氧化碳排放、应对气候变化不是

---

* 原文刊登于《红旗文稿》2022 年第 13 期，作者：俞海、王鹏。

别人要我们做，而是我们自己要做。实现"双碳"目标，是党中央以高度的战略思维，着眼我国经济社会发展长远目标，把握发展内外环境的新形势新矛盾新特征，主动谋划、主动提出、主动推进的重大事项，也是从满足实现可持续发展、推动经济结构转型升级、促进人与自然和谐共生、构建人类命运共同体的迫切需求出发，自身必须做而且必须做好的重大任务。

当前，经济发展导致的资源环境约束问题触发了人类对传统发展方式的深刻反思。地球上的物质资源必然越用越少，大量耗费物质资源的传统发展方式显然难以为继。我国作为人口超过 14 亿的发展中大国，所面对的资源环境约束问题尤其突出。面向未来，再沿着只讲索取不讲投入、只讲发展不讲保护、只讲利用不讲修复的老路走下去是不可想象的，必须正确处理好人口问题、资源问题、环境问题与发展问题的关系，走可持续发展道路。"双碳"目标的提出，既是对全球可持续发展进程的有力推动，也是着力破解资源环境对我国可持续发展的制约，推动经济社会发展建立在资源高效利用和绿色低碳发展基础之上，所必须迈出的决定性步伐。

同时，我国正面对全球新一轮科技革命和产业变革的历史机遇期，加快转变经济发展方式，增强我国的生存力、竞争力、发展力、持续力，成为立足新发展阶段、贯彻新发展理念、构建新发展格局、推动高质量发展的必然要求。但是，我国发展需要解决的问题越来越复杂棘手，特别是传统产业占比仍然较高，战略性新兴产业、高技术产业尚未成为经济增长的主导力量，发展动能供给不足，科技创新支撑不够，产业变革升级处于最吃劲的重要关口。在这一阶段提出"双碳"目标，不只是积极应对气候变化，更是要以实现"双碳"目标为引领，不断加强我国绿色低碳技术创新，持续壮大绿色低碳产业，倒逼经济发展的质量变革、效率变革、动力变革，从而在新一轮全球技术产业竞争中立于不败之地。我国已进入高质量发展阶段，经济结构的转型升级是大势所趋，必须顺势而为推进"双碳"工作，助推我国加快形成绿色经济新动能，显著提升经济社会发展质量效益。

我国提出到2035年生态环境根本好转，美丽中国建设目标基本实现，到21世纪中叶实现人与自然和谐共生，建成美丽中国。党的十八大以来，我国生态环境保护发生历史性、转折性、全局性变化，美丽中国建设迈出重大步伐。但也应当看到，我国生态环境质量同人民群众对美好生活的期盼相比，同建设美丽中国的目标相比，都还有较大差距：生态环境稳中向好的基础还不稳固，污染物减排的潜力逐渐收窄，生态环境质量改善总体上仍处于中低水平上的提高，重点区域、重点行业污染问题还有可能反弹。归根到底，高消耗、高排放的生产生活方式不发生根本性改变，生态环境质量就难以得到根本性改善。"双碳"目标的提出，一方面可以加速驱动以重化工为主的产业结构、煤为主的能源结构、公路货运为主的运输结构发生根本转变，从源头上降低污染物排放，另一方面可以有效缓解气候变化给生态环境带来的负面影响，提升生态系统质量和稳定性，扩大环境容量。

世界百年未有之大变局加速演进，全球气候变化引发的环境危机与国际博弈越演越烈，成为摆在世界圆桌上的重大难题。面对生态环境挑战，人类是一荣俱荣、一损俱损的命运共同体。为此，我国始终积极采取行动应对全球气候变化，为《巴黎协定》达成、生效和实施发挥重要作用,成为全球生态文明建设的重要参与者、贡献者、引领者。实现"双碳"目标是我国向国际社会作出的政治承诺,作为负责任大国,我国向来是说到做到,必定会完全兑现所有承诺。这既是办好我们自己的事情,也必将为全球实现《巴黎协定》规定目标注入强大动力,为推动构建人类命运共同体、共建清洁美丽世界贡献中国智慧、中国方案、中国力量,不断提升我国在全球气候治理体系中的话语权和影响力,推动实现更加强劲、绿色、健康的全球发展。

我国要实现"双碳"目标,不是被动"接招",而是为全面建成社会主义现代化强国、实现中华民族永续发展主动"出招"。千里之行,始于足下。必须立足当前的迫切需求,坚定自觉做好"双碳"各项工作,扎扎实实把党中央决策部署落到实处。

"双碳"目标绝不是轻轻松松就能实现的

实现碳达峰碳中和是一场硬仗,也是对我们党治国理政能力的一场大考。"双碳"目标的实现绝不是就碳论碳的事,而是多重目标、多重约束的经济社会系统性变革,意味着对发展方式与生活方式的颠覆性转变,意味着能源结构、产业结构的深刻重塑,将是一个庞大而复杂的系统工程,且必须在短时间内完成,其艰巨性是前所未有的。

当前,我国产业偏重、能源偏煤、效率偏低的发展模式仍未根本改变,转方式、调结构的任务艰巨繁重。2020年我国化石能源消费占比达 84.1%，其中煤炭达 56.8%，我国提出到 2030 年非化石能源消费比重达到 25%左右，到 2060 年达到 80%以上，难度不言而喻。同时，我国经济长期以来形成的高碳发展惯性仍然很大，而发展惯性的逆转往往需要施加成倍甚至更大的作用力，给经济社会发展全面绿色转型带来巨大挑战。我国是在工业化、城镇化仍在快速发展的情况下开启降碳进程的，受原本发展惯性的牵制，个别地方为了"碳达峰"盲目搞"碳冲锋"，上马高耗能、高排放项目的冲动依然强烈，对实现"双碳"目标十分不利。

实现"双碳"目标，时间上异常紧迫。我国承诺实现从碳达峰到碳中和的时间，远远短于发达国家所用时间。这意味着我国作为世界上最大的发展中国家，将完成全球最高碳排放强度降幅，用全球历史上最短的时间实现从碳达峰到碳中和。与美国、欧盟等发达国家和地区相比，我国是在人均国内生产总值相对较低、所用时间明显更短的情况下提出"双碳"目标的，需要付出的努力和成本远大于这些国家。同时，我国实现"双碳"目标的底子还相对薄弱，"双碳"领域的体制机制尚不健全，绿色低碳发展的技术、标准、人才等基础支撑也十分匮乏。

实现"双碳"目标，毋庸置疑将是我国发展进程中一场史无前例的硬仗，必须对困难挑战有充足认识和充分准备，拿出抓铁有痕、踏石留印的劲头，一步一个脚印解决具体问题，积小胜为大胜。

推进"双碳"工作等不得，也急不得

习近平总书记强调，实现碳达峰碳中和目标要坚定不移，但不可能毕其功于一役，要坚持稳中求进，逐步实现。

一方面，我们必须清醒认识到，"双碳"工作不仅面临时间紧、任务重、基础弱的现实困难，并且以实现"双碳"目标为抓手来赢得发展和竞争优势的窗口期十分短暂，如果不抓紧，就可能错过这一轮全球科技革命和产业变革的重要战略机遇期，致使我国发展陷于被动之中。此外，地方政府、企业越早在落实"双碳"工作上谋篇布局，就越有利于抢得"双碳"提供的发展先机、减小工作阻力、避免系统性风险。因此，必须以时不我待的紧迫感，根据自身发展水平和经济条件抓紧制定"双碳"的时间表、路线图、施工图，避免坐等时间节点，更不可指望别人努力自己坐享其成。

另一方面，实现"双碳"目标不可能一蹴而就，既要积极有为，更要有节奏有步骤稳妥推进。我国在以化石能源为主的能源结构条件下，经济增长不可避免地要以一定的碳排放为代价。如果在思想认识上急功近利、急于求成，就很难把握好降碳的节奏和力度，容易在绿色低碳转型过程中过度反应，产生"先破后立"的倾向，丢了"饭碗"搞转型。我们还应看到，我国各地的资源禀赋、发展水平、战略定位和控排潜力不尽相同，一味地追求速度，搞齐步走、"一刀切"，不充分考虑区域资源分布和产业分工的客观现实差异，既不利于地方科学制定"双碳"行动方案，也不利于全国层面如期实现"双碳"目标。

"双碳"是一个多维、立体、完整的系统工程和长期任务，要科学认识到，减排不是减生产力，也不是不排放，而是要走生态优先、绿色低碳发展道路，在经济发展中促进绿色转型、在绿色转型中实现更大发展。

把"双碳"纳入生态文明建设整体布局和经济社会发展全局

习近平总书记强调，要把"双碳"工作纳入生态文明建设整体布局和经济社会发展全局，坚持降碳、减污、扩绿、增长协同推进。"双碳"不仅是生态文明建设的重要组成部分，也是一场广泛而深刻的经济社会系统性变革，要以把"双碳"纳入生态文明建设整体布局和经济社会发展全局为基本遵循，做好"双碳"的"1+N"政策体系与生态文明建设和经济社会发展全面绿色转型相关政策的有效衔接，有力有序推动各项工作部署。

推动能源绿色转型是把"双碳"纳入生态文明建设整体布局和经济社会发展全局的重要突破口。能源绿色转型是生态文明建设和经济社会发展方式转变的重中之重，也是能否如期实现"双碳"目标的决定性因素和根本保障。要充分考虑我国以煤炭为主的能源结构特点，在保障能源供给安全的前提下，在新能源安全可靠的替代基础上，严格控制并逐步减少煤炭消费，积极有序发展更为清洁的新能源及可再生能源，逐步降低甚至摆脱对化石能源的依赖，构建以新能源为主体的新型电力系统和清洁低碳安全高效的能源体系。要全面实施节约优先战略，加快提高能源利用效率，持续推进工业、建筑、交通等重点领域节能，充分挖掘节能增效的减碳潜力。

构筑全方位制度保障体系是有效衔接"双碳"和生态文明建设、经济社会发展的重要桥梁。当前，"1+N"政策体系下的"四梁八柱"仍亟待完善，规划、法律、标准等各类制度缺失成为推动"双碳"工作的关键掣肘。要切实将"双碳"目标任务融入各级经济社会发展中长期规划以及区域重大战略规划中，充分衔接生态环境保护、能源生产消费、国土空间保护开发等各类专项规划，切实发挥规划的引领带动作用。要健全"双碳"标准，构建统一规范的碳排放统计核算体系，尽快补齐基础短板，创造条件尽早实现能耗"双控"向碳排放总量和强度"双控"转变，有效激发地方和企业能源转型的动力，为能源消耗与碳排放逐渐脱钩提供政策支撑。要加快形成减污降碳的激励约束机制，将"双碳"工作相关指标纳入各地区经济社会发展综合评价体系，增加考核权重，切实发挥考核"指挥棒"作用。要完善"双碳"市场机制，善于引导各类资源、要素向绿色低碳发展集聚，用好碳交易、绿色金融等市场化手段，激发各类市场主体绿色低碳转型的内生动力和创新活力。

科学技术创新是把"双碳"纳入生态文明建设整体布局和经济社会发展全局的重要支撑保障。绿色低碳领域的革命性技术，不仅可以加速"双碳"进程，还可以转化为生态文明建设和高质量发展的不竭动力。要加强"双碳"领域的基础科学研究，攻克绿色发展"卡脖子"技术难题，推动绿色低碳技术尽早实现重大突破，特别是加强能源、电力、工业、交通、建筑以及生态碳汇等领域的重大战略技术支撑。要发挥新型举国体制优势，提前布局低碳零碳负碳重大关键技术，把核心技术牢牢掌握在自己手中。要提升绿色低碳技术的成熟度，加速前沿绿色低碳技术的普及、转化、应用。要进一步筑牢我国在新能源汽车、光伏、风电等领域积累的技术优势，打造一批具有显著国际影响力和竞争力的绿色技术创新平台。

对"双碳"的认识越深刻，对实践的引领就越有力。我们要深学细悟习近平总书记有关重要讲话精神，系统认识实现"双碳"目标的重要性、紧迫性、艰巨性，踔厉奋发，笃行不怠，不断增强推动绿色低碳发展的自觉性和主动性，做"双碳"的忠实践行者、不懈奋斗者，以"功成不必在我"的精神境界、"功成必定有我"的历史担当，确保如期实现"双碳"目标。

深入学习贯彻习近平生态文明思想[*]

伟大的时代产生伟大的理论，伟大的理论引领伟大的时代。党的十八大以来，以习近平同志为核心的党中央从中华民族永续发展的高度出发，深刻把握生态文明建设在新时代中国特色社会主义事业中的重要地位和战略意义，大力推动生态文明理论创新、实践创新、制度创新，创造性提出一系列富有中国特色、体现时代精神、引领人类文明发展进步的新理念新思想新战略，形成了习近平生态文明思想，高高举起了新时代生态文明建设的思想旗帜，为新时代我国生态文明建设提供了根本遵循和行动指南。

深刻理解和把握习近平生态文明思想的科学体系

习近平生态文明思想是习近平新时代中国特色社会主义思想的

　＊ 原文刊登于《人民日报》2022 年 8 月 18 日第 10 版，作者：习近平生态文明思想研究中心。

重要组成部分，是社会主义生态文明建设理论创新成果和实践创新成果的集大成，是一个系统完整、逻辑严密、内涵丰富、博大精深的科学体系，标志着我们党对社会主义生态文明建设的规律性认识达到新的高度。

习近平生态文明思想的鲜明主题是努力实现人与自然和谐共生。人与自然是生命共同体，生态兴衰关系文明兴衰，如何实现人与自然和谐共生是人类文明发展的基本问题。习近平总书记站在中华民族和人类文明永续发展的高度，深刻把握人类社会历史经验和发展规律，汲取中华优秀传统生态文化的思想智慧，直面中国之问、世界之问、人民之问、时代之问，坚持用马克思主义之"矢"去射新时代生态文明建设之"的"，以马克思主义政治家、思想家、战略家的深刻洞察力、敏锐判断力、理论创造力，围绕人与自然和谐共生这一主题，深刻阐释了人与自然和谐共生的内在规律和本质要求，深刻揭示并系统回答了为什么建设生态文明、建设什么样的生态文明、怎样建设生态文明等重大理论和实践问题，为中华民族伟大复兴和永续发展提供了强大思想武器，为人类社会可持续发展提供了科学思想指引。

习近平生态文明思想的形成发展具有深厚的理论依据、实践基础、文化底蕴。这一思想继承和创新马克思主义自然观、生态观，运用和深化马克思主义关于人与自然、生产和生态的辩证统一关系的认识，是对西方以资本为中心、物质主义膨胀、先污染后治理的现代化发展道路的批判与超越，实现了马克思主义关于人与自然关系思想的与时俱进。这一思想是在几代中国共产党人不懈探索的基础上，针对新时代人民群众对优美生态环境有了更高的期盼和要求这一重大变化，以新的视野、新的认识、新的理念赋予生态文明建设理论新的时代内涵，是社会主义生态文明建设理论创新成果和实践创新成果的集大成，开创了生态文明建设新境界。这一思想根植于中华优秀传统生态文化，传承"天人合一""道法自然""取之有度"等生态智慧和文化传统，并对其进行创造性转化、创新性发展，体现中华文化和中国精神的时代精华，为人类可持续发展贡献了中国智慧、中国方案。

习近平生态文明思想的理论体系系统全面、逻辑严密、开放包容。这一思想系统阐释人与自然、保护与发展、环境与民生、国内与国际等的关系，深刻回答新时代生态文明建设的根本保证、历史依据、基本原则、核心理念、宗旨要求、战略路径、系统观念、制度保障、社会力量、全球倡议等一系列重大理论与实践问题，对新形势下生态文明建设的战略定位、目标任务、总体思路、重大原则作出系统阐释和科学谋划，是谋划生态文明建设的总方针、总依据和总要求。这一思想体系完整、逻辑严密，既讲是什么、为什么，又讲怎么看、怎么办，是关于生态文明建设的认识论、价值论和方法论，深刻揭示了生态文明建设的历史逻辑、理论逻辑、实践逻辑。这一思想开放包容，既来自中国实践和理论创新，也吸收世界上可持续发展的优秀成果；既立足中国，又放眼世界；既来自实践，又指导实践，并在实践中不断丰富和发展。党的十八大以来，在习近平生态文明思想指引下，我国生态文明建设发生历史性、转折性、全局性变化，美丽中国建设迈出重大步伐，展现出这一思想的真理力量和实践伟力。

深刻理解和把握习近平生态文明思想的基本内容

习近平生态文明思想内涵丰富、博大精深，蕴含着丰富的马克思主义立场、观点和方法，包含着一系列具有原创性、时代性、指导性的重大思想观点，就其主要方面来讲，集中体现为"十个坚持"。

坚持党对生态文明建设的全面领导。这是我国生态文明建设的根本保证。习近平总书记指出："生态环境是关系党的使命宗旨的重大政治问题。"生态文明建设是统筹推进"五位一体"总体布局和协调推进"四个全面"战略布局的重要内容，党的全面领导具有"把舵定向"的重大作用。必须不断提高政治判断力、政治领悟力、政治执行力，心怀"国之大者"，当好生态卫士，坚持正确政绩观，严格实行党政同责、一岗双责，确保党中央关于生态文明建设的各项决策部署落地见效。

坚持生态兴则文明兴。这是我国生态文明建设的历史依据。习近平总书记强调："生态环境是人类生存和发展的根基，生态环境变化直接影响文明兴衰演替。"古今中外有许多深刻教训表明，只有尊重自然规律，才能有效防止在开发利用自然上走弯路。必须深刻认识生态环境是人类生存最为基础的条件，把人类活动限制在生态环境能够承受的限度内，给自然生态留下休养生息的时间和空间。以对人民群众、对子孙后代高度负责的态度和责任，加强生态文明建设，筑牢中华民族永续发展的生态根基。

坚持人与自然和谐共生。这是我国生态文明建设的基本原则。

习近平总书记指出:"自然是生命之母,人与自然是生命共同体。"中国式现代化具有许多重要特征,其中之一就是我国现代化是人与自然和谐共生的现代化,注重同步推进物质文明建设和生态文明建设。必须敬畏自然、尊重自然、顺应自然、保护自然,始终站在人与自然和谐共生的高度来谋划经济社会发展,坚持节约资源和保护环境的基本国策,坚持节约优先、保护优先、自然恢复为主的方针,努力建设人与自然和谐共生的现代化。

坚持绿水青山就是金山银山。这是我国生态文明建设的核心理念。习近平总书记强调:"绿水青山既是自然财富、生态财富,又是社会财富、经济财富。"实践证明,经济发展不能以破坏生态为代价,生态本身就是经济,保护生态就是发展生产力。必须处理好绿水青山和金山银山的关系,坚定不移保护绿水青山,努力把绿水青山蕴含的生态产品价值转化为金山银山,让良好生态环境成为经济社会持续健康发展的支撑点,促进经济发展和环境保护双赢。

坚持良好生态环境是最普惠的民生福祉。这是我国生态文明建设的宗旨要求。习近平总书记指出:"良好的生态环境是最公平的公共产品,是最普惠的民生福祉。"随着我国社会主要矛盾转化为人民日益增长的美好生活需要和不平衡不充分的发展之间的矛盾,人民群众对优美生态环境的需要已经成为这一矛盾的重要方面。加强生态文明建设是人民群众追求高品质生活的共识和呼声。必须落实以人民为中心的发展思想,解决好人民群众反映强烈的突出环境问题,提供更多优质生态产品,让人民过上高品质生活。

坚持绿色发展是发展观的深刻革命。这是我国生态文明建设的战略路径。习近平总书记强调:"绿色发展是生态文明建设的必然要求。"坚持绿色发展是对生产方式、生活方式、思维方式和价值观念的全方位、革命性变革，是对自然规律和经济社会可持续发展一般规律的深刻把握。必须把实现减污降碳协同增效作为促进经济社会发展全面绿色转型的总抓手，加快建立健全绿色低碳循环发展经济体系，加快形成绿色发展方式和生活方式，坚定不移走生产发展、生活富裕、生态良好的文明发展道路。

坚持统筹山水林田湖草沙系统治理。这是我国生态文明建设的系统观念。习近平总书记指出："生态是统一的自然系统，是相互依存、紧密联系的有机链条。"统筹山水林田湖草沙系统治理，深刻揭示了生态系统的整体性、系统性及其内在发展规律，为全方位、全地域、全过程开展生态文明建设提供了方法论指导。必须从系统工程和全局角度寻求新的治理之道，更加注重综合治理、系统治理、源头治理，实施好生态保护修复工程，加大生态系统保护力度，提升生态系统稳定性和可持续性。

坚持用最严格制度最严密法治保护生态环境。这是我国生态文明建设的制度保障。习近平总书记强调："我国生态环境保护中存在的突出问题大多同体制不健全、制度不严格、法治不严密、执行不到位、惩处不得力有关。"保护生态环境必须依靠制度、依靠法治。必须把制度建设作为推进生态文明建设的重中之重，健全源头预防、过程控制、损害赔偿、责任追究的生态环境保护体系，构建产权清晰、多元参与、激励约束并重、系统完整的生态文明制度体系，强化制度供给和执行，让制度成为刚性约束和不可触碰的高压线。

坚持把建设美丽中国转化为全体人民自觉行动。这是我国生态文明建设的社会力量。习近平总书记指出："生态文明是人民群众共同参与共同建设共同享有的事业。"每个人都是生态环境的保护者、建设者、受益者，没有哪个人是旁观者、局外人、批评家，谁也不能只说不做、置身事外。必须建立健全以生态价值观念为准则的生态文化体系，牢固树立社会主义生态文明观，倡导简约适度、绿色低碳的生活方式，坚决制止餐桌上的浪费，实行垃圾分类。加强生态文明宣传教育，把建设美丽中国转化为每一个人的自觉行动。

坚持共谋全球生态文明建设之路。这是我国生态文明建设的全球倡议。习近平总书记强调："生态文明是人类文明发展的历史趋势。"建设美丽家园是人类的共同梦想。面对生态环境挑战，人类是一荣俱荣、一损俱损的命运共同体，没有哪个国家能独善其身。必须秉持人类命运共同体理念，同舟共济、共同努力，构筑尊崇自然、绿色发展的生态体系，积极应对气候变化，保护生物多样性，为实现全球可持续发展、建设清洁美丽世界贡献中国智慧和中国方案。

深刻理解和把握习近平生态文明思想的实践要求

习近平生态文明思想基于历史、立足当下、面向全球、着眼未来。新时代，在实现中华民族伟大复兴的历史进程中，推进生态文明建设的使命更加光荣、责任更加重大、任务更加艰巨。必须坚定不移用习近平生态文明思想武装头脑、指导实践、推动工作。

努力建设人与自然和谐共生的美丽中国。习近平总书记指出："走向生态文明新时代，建设美丽中国，是实现中华民族伟大复兴的中国梦的重要内容。"党的十九大将美丽中国作为建成社会主义现代化强国的奋斗目标之一，并作出具体部署，明确到 2035 年美丽中国建设目标基本实现。党的十九届六中全会通过的《中共中央关于党的百年奋斗重大成就和历史经验的决议》指出，坚持人与自然和谐共生，协同推进人民富裕、国家强盛、中国美丽。要以习近平生态文明思想为指引，深刻认识和把握生态文明建设的重要性、紧迫性以及我国生态文明建设的战略方向和目标要求，从中华民族永续发展、坚持和发展中国特色社会主义的高度，以对历史、对人民、对子孙后代高度负责的态度，努力建设人与自然和谐共生的美丽中国。

坚决扛起生态文明建设的政治责任。习近平总书记指出："我国生态环境矛盾有一个历史积累过程，不是一天变坏的，但不能在我们手里变得越来越坏，共产党人应该有这样的胸怀和意志。"生态文明建设是大仗硬仗苦仗，党的十八大以来，党领导我国生态文明建设取得历史性成就、发生历史性变革。当前，我国生态文明建设虽然取得了巨大成就，但仍然面临诸多矛盾和挑战。各级党委政府和领导干部，要坚决扛起生态文明建设的政治责任，把生态文明建设摆在全局工作的突出位置。必须充分认识生态文明建设是一项长期的战略任务，也是一个复杂的系统工程，不可能一蹴而就，保持战略定力，坚持不懈、奋发有为、久久为功。

加快推动经济社会发展全面绿色转型。习近平总书记指出："绿色发展是构建高质量现代化经济体系的必然要求，是解决污染问题的根本之策。""十四五"时期，我国生态文明建设进入以降碳为重点战略方向、推动减污降碳协同增效、促进经济社会发展全面绿色转型、实现生态环境质量改善由量变到质变的关键时期。要深刻把握绿色发展是发展观的深刻革命，加快推动生产方式、生活方式、思维方式和价值观念的全方位、革命性变革，着力推动产业结构、能源结构、交通运输结构等的调整和优化，大力推动生态产品价值实现，把碳达峰碳中和纳入生态文明建设整体布局和经济社会发展全局，让绿色成为普遍形态，努力实现碳达峰碳中和，以高水平保护促进高质量发展、创造高品质生活。

为人民群众提供更多优质生态产品。习近平总书记指出，我国生态文明建设"已进入提供更多优质生态产品以满足人民日益增长的优美生态环境需要的攻坚期"。要悟透以人民为中心的发展思想，坚持生态惠民、生态利民、生态为民，把解决突出生态环境问题作为民生优先领域。坚持精准治污、科学治污、依法治污，保持力度、延伸深度、拓宽广度，深入打好污染防治攻坚战，有效防范生态环境风险，建设天更蓝、山更绿、水更清、环境更优美的美丽中国。统筹山水林田湖草沙系统治理，加强生物多样性保护，提升生态系统质量和稳定性，着力建设健康宜居的美丽家园，还自然以宁静、和谐、美丽，让良好生态环境成为人民幸福生活的增长点、成为经济社会持续健康发展的支撑点、成为展现我国良好形象的发力点，不断提升人民群众生态环境获得感、幸福感、安全感。

推进生态环境治理体系和治理能力现代化。习近平总书记指出："要提高生态环境治理体系和治理能力现代化水平。"进入新发展阶段，全面推进生态文明建设和美丽中国建设面临新形势、新任务、新挑战。要健全党委领导、政府主导、企业主体、社会组织和公众共同参与的现代环境治理体系，深入推进生态文明体制改革，让建设美丽中国成为全体人民的自觉行动。不断提高推进生态文明建设战略思维能力、科学决策能力，树立底线意识，强化系统思维，把系统观念贯彻到生态保护和高质量发展全过程，不断提高生态环境治理水平。

推动共建清洁美丽世界。习近平总书记指出："建设绿色家园是人类的共同梦想。"要深刻理解和把握习近平生态文明思想蕴含的天下情怀和大国担当，秉持人类命运共同体理念，深度参与全球生态环境治理，主动承担与我国国情、发展阶段和能力相适应的环境治理义务，为全球提供更多公共产品，积极引导国际秩序变革方向，推动构建地球生命共同体。持之以恒加强应对气候变化、生物多样性保护等国际合作，共同打造绿色"一带一路"，持续为全球可持续发展贡献中国智慧、中国方案和中国力量。

美丽中国建设的步伐为何如此稳健[*]

　　党的十八大以来，以习近平同志为核心的党中央把生态文明建设作为关系中华民族永续发展的根本大计，以前所未有的力度抓生态文明建设，美丽中国建设迈出稳健步伐，生态文明建设取得非凡成就。

　　十年来，我国生态环境保护和生态文明建设发生历史性、转折性、全局性变化。污染防治攻坚战阶段性目标胜利完成：2021 年，全国地表水水质优良断面比例提升到 84.9%，全国地级及以上城市空气质量优良天数比率为 87.5%，雾霾天气和黑臭水体越来越少，蓝天白云、绿水青山越来越多，人民群众优美生态环境获得感、幸福感、安全感越来越强。同时，我国成为全球能耗强度降低最快的国家之一、全球可再生能源利用规模最大的国家、世界上治理大气污染速度最快的国家、近 20 年全球森林资源增长最多的国家，成为全球生态文明建设的重要参与者、贡献者、引领者。我国不仅续写了经济快速发展奇迹和社会长期稳定奇迹，还创造了令世界瞩目的生态奇迹

　　* 原文刊登于《光明日报》2022 年 8 月 30 日第 5 版，作者：俞海。

和绿色发展奇迹，人与自然和谐共生的美丽中国正在从蓝图变为现实。

我国生态文明建设之所以取得历史性成就、发生历史性变革，最根本的原因在于有习近平总书记作为党中央的核心、全党的核心掌舵领航，在于有习近平生态文明思想科学指引。

党的十八大以来，以习近平同志为核心的党中央站在坚持和发展中国特色社会主义、实现中华民族伟大复兴中国梦的战略高度，深刻回答了为什么建设生态文明、建设什么样的生态文明、怎样建设生态文明等一系列重大理论和实践问题，系统形成了习近平生态文明思想。这一思想继承和发展马克思主义关于人与自然关系的论述，传承中华优秀传统生态文化，顺应时代潮流和人民意愿，借鉴世界可持续发展的优秀成果，对我们党领导人民建设生态文明的经验进行总结和升华，把我们党对生态文明建设的规律性认识提升到新高度。这一思想基于历史、立足当下、面向全球、着眼未来，包含一系列破解发展与保护难题、实现人与自然和谐共生的原创性、时代性、指导性重大思想观点，蕴含着丰富的马克思主义立场、观点和方法，为我国生态文明建设提供了根本遵循和行动指南。党的十八大以来，生态文明建设取得巨大成就，生动诠释了习近平生态文明思想的真理内涵和实践伟力。

在习近平生态文明思想的科学指引下，我们党加强了对生态文明建设的全面领导，从思想、法律、体制、组织、作风上全面发力，作出一系列重大战略部署，开展一系列根本性、开创性、长远性工作。党中央把生态文明建设摆在全局工作的突出位置，在"五位一体"总体布局中，生态文明建设是其中一位；在新时代坚持和发展中国特色社会主义的基本方略中，坚持人与自然和谐共生是其中一条；在新发展理念中，绿色是其中一项；在三大攻坚战中，污染防治是其中一战；在到 21 世纪中叶建成社会主义现代化强国目标中，美丽中国是其中一个。在党的坚强领导下，我们大力推动绿色低碳循环发展，持续深入开展污染防治攻坚战，加大生态系统保护修复力度，深入推进生态文明制度建设，全方位、全地域、全过程推进生态文明建设，不断压实生态文明建设的政治责任，全党全国推动绿色发展的自觉性和主动性显著增强。

船重千钧，掌舵一人。在生态文明建设上，习近平总书记亲自擘画、亲自部署、亲自推动，足迹踏遍了祖国的山山水水，为建设美丽中国举旗定向、领航掌舵、保驾护航，充分体现了中国共产党的人民情怀与历史担当，赢得全国人民的由衷认同和国际社会的广泛赞誉。

鉴往知来。在新时代、新征程上，我们要坚持以习近平生态文明思想为指引，牢记生态文明建设这一"国之大者"，坚定不移推进人与自然和谐共生的美丽中国建设，以生态环境高水平保护推动高质量发展、创造高品质生活。

努力建设人与自然和谐共生的美丽中国

——深入学习《习近平谈治国理政》第四卷*

《习近平谈治国理政》第四卷生动记录了以习近平同志为核心的党中央团结带领全党全国各族人民，统筹国内国际两个大局，统筹疫情防控和经济社会发展，统筹发展和安全，全面建成小康社会、开启全面建设社会主义现代化国家新征程的伟大实践，进一步科学回答了中国之问、世界之问、人民之问、时代之问，是全面系统反映习近平新时代中国特色社会主义思想的权威著作。"坚持人与自然和谐共生"专题，收入习近平总书记关于生态文明建设和生态环境保护的最新重要论述，体现了习近平生态文明思想的丰富和发展，为建设人与自然和谐共生的美丽中国提供了根本遵循和行动指南。

深入学习领会习近平生态文明思想的丰富内涵

习近平生态文明思想来源于实践，并在实践中不断丰富、深化和

* 原文刊登于《经济日报》2022 年 9 月 11 日第 6 版，作者：习近平生态文明思想研究中心。

创新。《习近平谈治国理政》第四卷收入了习近平总书记《努力建设人与自然和谐共生的现代化》《实现"双碳"目标是一场广泛而深刻的变革》等重要讲话，与《习近平谈治国理政》前三卷关于生态文明建设的篇章，既一脉相承又与时俱进，生动展现了习近平生态文明思想的丰富发展过程，系统阐释了习近平生态文明思想的科学体系和核心要义，是深入学习理解习近平生态文明思想的重要原创性文献。

坚持加强党对生态文明建设的全面领导。党政军民学，东西南北中，党是领导一切的。习近平总书记指出，坚持党的全面领导是坚持和发展中国特色社会主义的必由之路。生态文明建设是统筹推进"五位一体"总体布局和协调推进"四个全面"战略布局的重要内容，党的全面领导具有"把舵定向"的重大作用。必须坚决担负起生态文明建设的政治责任，不断提高政治判断力、政治领悟力、政治执行力，心怀"国之大者"，确保党中央关于生态文明建设的各项决策部署落地见效。

坚持生态兴则文明兴。生态环境保护是功在当代、利在千秋的事业。习近平总书记强调，生态环境是人类生存和发展的根基，生态环境变化直接影响文明兴衰演替。古今中外有许多深刻教训值得深思，只有尊重自然规律，才能有效防止在开发利用自然上走弯路。杀鸡取卵、竭泽而渔的发展方式走到了尽头，顺应自然、保护生态的绿色发展昭示着未来。必须深化对人类文明进步与自然环境关系的认识，以对人民群众、对子孙后代高度负责的态度和责任，加强生态文明建设，筑牢中华民族永续发展的生态根基。

坚持人与自然和谐共生。人与自然的关系是人类社会最基本的关系。自然是生命之母，大自然是包括人在内一切生物的摇篮，是人类赖以生存发展的基本条件。只有平衡好人与自然的关系，维护生态系统平衡，才能守护人类健康。习近平总书记指出，人与自然是生命共同体，人类必须尊重自然、顺应自然、保护自然。必须深化对人与自然生命共同体的规律性认识，站在人与自然和谐共生的高度来谋划经济社会发展，坚持以生态环境高水平保护推动经济高质量发展。

坚持绿水青山就是金山银山。人不负青山，青山定不负人。习近平总书记强调，绿水青山既是自然财富、生态财富，又是社会财富、经济财富。保护生态环境就是保护生产力，改善生态环境就是发展生产力。实践证明，经济发展不能以破坏生态为代价，生态本身就是经济，保护生态就是发展生产力。必须处理好绿水青山和金山银山的关系，努力把绿水青山蕴含的生态产品价值转化为金山银山，让良好生态环境成为经济社会持续健康发展的支撑点，坚定不移走生产发展、生活富裕、生态良好的文明发展道路。

坚持良好生态环境是最普惠的民生福祉。环境就是民生，青山就是美丽，蓝天也是幸福。习近平总书记指出，良好生态环境是最公平的公共产品，是最普惠的民生福祉。随着我国社会主要矛盾转化为人民日益增长的美好生活需要和不平衡不充分的发展之间的矛盾，人民群众对清新空气、清澈水质、清洁环境等生态产品的需求越来越迫切。必须落实以人民为中心的发展思想，解决好人民群众反映强烈的突出环境问题，提供更多优质生态产品，让人民过上高品质生活。

坚持绿色发展是发展观的深刻革命。绿色发展是生态文明建设的必然要求。习近平总书记强调，生态环境问题归根到底是发展方式和生活方式问题。建立健全绿色低碳循环发展经济体系、促进经济社会全面绿色转型是解决我国生态环境问题的治本之策。必须牢牢抓住实现减污降碳协同增效总抓手，加快推动产业结构、能源结构、交通运输结构调整，全面提高资源利用效率，发展绿色低碳技术，加快形成绿色发展方式和生活方式，推动碳达峰碳中和目标如期实现。

坚持统筹山水林田湖草沙系统治理。山水林田湖草沙是生命共同体。习近平总书记指出，生态是统一的自然系统，是相互依存、紧密联系的有机链条。统筹山水林田湖草沙系统治理，深刻揭示了生态环境各要素内在发展规律，为全方位、全地域、全过程开展生态文明建设提供了方法论指导。必须坚持系统观念，从生态系统整体性出发，推进山水林田湖草沙一体化保护和修复，更加注重综合治理、系统治理、源头治理，实施好生态保护修复工程，加大生态系统保护力度，提升生态系统质量和稳定性。

坚持用最严格制度最严密法治保护生态环境。保护生态环境必须依靠制度、依靠法治。习近平总书记强调，我国生态环境保护中存在的突出问题大多同体制不健全、制度不严格、法治不严密、执行不到位、惩处不得力有关。必须把制度建设作为推进生态文明建设的重中之重，按照源头预防、过程控制、损害赔偿、责任追究的思路，构建产权清晰、多元参与、激励约束并重、系统完整的生态文明制度体系，强化制度供给和执行，让制度成为刚性约束和不可触碰的高压线。

坚持把建设美丽中国转化为全体人民自觉行动。生态文明是人民群众共同参与、共同建设、共同享有的事业。习近平总书记指出，每个人都是生态环境的保护者、建设者、受益者，没有哪个人是旁观者、局外人、批评家。必须建立健全以生态价值观念为准则的生态文化体系，牢固树立社会主义生态文明观，大力宣传绿色文明，增强全民节约意识、环保意识、生态意识，倡导简约适度、绿色低碳的生活方式，把建设美丽中国转化为每一个人的自觉行动。

坚持共谋全球生态文明建设之路。生态文明是人类文明发展的历史趋势，是构建人类命运共同体的重要内容。习近平总书记强调，保护生态环境、应对气候变化，是全人类面临的共同挑战。建设全球生态文明需要各国齐心协力，共同促进绿色、低碳、可持续发展。必须秉持人类命运共同体理念，同舟共济、共同努力，构筑尊崇自然、绿色发展的生态体系，积极应对气候变化，保护生物多样性，为实现全球可持续发展、建设清洁美丽世界贡献中国智慧、中国方案和中国力量。

深刻认识生态文明建设取得的历史性成就、发生的历史性变革

《习近平谈治国理政》第一卷至第四卷全方位呈现了党的十八大以来我国生态环境保护工作取得的历史性成就。习近平总书记指出，生态文明建设从认识到实践都发生了历史性、转折性、全局性的变化。要深刻理解这一重大判断的重大意义，全面认识美丽中国建设迈出重大步伐。

一是生态文明战略地位显著提升。在"五位一体"总体布局中，生态文明建设是其中一位；在新时代坚持和发展中国特色社会主义的基本方略中，坚持人与自然和谐共生是其中一条；在新发展理念

中，绿色是其中一项；在三大攻坚战中，污染防治是其中一战；在到21世纪中叶建成社会主义现代化强国目标中，美丽中国是其中一个。2017年党的十九大修改通过的《中国共产党章程》增加"增强绿水青山就是金山银山的意识"等内容，2018年第十三届全国人民代表大会第一次会议通过的《中华人民共和国宪法修正案》将生态文明写入《中华人民共和国宪法》，实现了党的主张、国家意志、人民意愿的高度统一。

二是绿色发展成效不断显现。完整准确全面贯彻新发展理念，将碳达峰碳中和纳入生态文明建设整体布局和经济社会发展全局。2021年，我国煤炭消费比重降低到56%，清洁能源占比达到25.5%，光伏、风能装机容量、发电量均居世界首位。持续推进产业结构调整，坚决遏制高耗能、高排放项目盲目发展，2021年我国高技术制造业增加值占规模以上工业增加值比重达15.1%。基本扭转二氧化碳排放快速增长的局面，2021年全国单位国内生产总值二氧化碳排放同比下降3.8%，比2005年下降50.3%。

三是生态环境质量明显改善。污染防治攻坚战阶段性目标任务圆满完成，生态环境质量明显改善，蓝天白云、清水绿岸明显增多，人民群众生态环境获得感显著增强。与2015年相比，2021年全国地级及以上城市细颗粒物（$PM_{2.5}$）平均浓度下降34.8%，城市空气质量优良天数比例达到87.5%；全国地表水优良水质断面比例达到84.9%，劣V类水体比例下降至1.2%；全国受污染耕地安全利用率和污染地块安全利用率双双超过90%。全面禁止"洋垃圾"入境，实现固体废物"零进口"目标。

四是生态保护成效持续向好。深入开展大规模国土绿化行动，构建以国家公园为主体的自然保护地体系，开展山水林田湖草生态保护修复工程试点。截至 2020 年底，全国森林覆盖率达到 23.04%，草原综合植被覆盖度达到 56.1%，湿地保护率达到 50% 以上。生态文明示范创建持续推进。塞罕坝林场建设者和浙江"千村示范、万村整治"工程获联合国"地球卫士奖"。

五是生态环境治理体系逐步完善。加快推进生态文明顶层设计和制度体系建设。全面实施生态文明建设目标评价考核、责任追究和生态补偿等举措。建立中央生态环境保护督察制度并全面推开。制定修订《中华人民共和国环境保护法》等 30 多部生态环境领域相关法律和行政法规，覆盖各类环境要素的法律法规体系基本建立。生态环境治理能力不断跃升，生态环境保护投入持续加大，已初步建成陆海统筹、天地一体、上下协同、信息共享的生态环境监测网络。

六是全球环境治理贡献日益凸显。坚定践行多边主义，引领全球气候变化谈判进程，推动《巴黎协定》达成、签署、生效和实施。宣布二氧化碳排放力争于 2030 年前达到峰值，努力争取 2060 年前实现碳中和，大力支持发展中国家能源绿色低碳发展，不再新建境外煤电项目，充分体现了负责任大国的担当。深入开展绿色"一带一路"建设，我国已成为全球生态文明建设的重要参与者、贡献者和引领者。

加快建设人与自然和谐共生的美丽中国

习近平总书记强调，"十四五"时期，我国生态文明建设进入以降碳为重点战略方向、推动减污降碳协同增效、促进经济社会发展全面绿色转型、实现生态环境质量改善由量变到质变的关键时期。必须坚持以习近平生态文明思想为指引，完整准确全面贯彻新发展理念，坚持统筹污染治理、生态保护和应对气候变化，协同推进降碳、减污、扩绿、增长，让绿色成为人与自然和谐共生的美丽中国最鲜明、最厚重、最坚实的底色。

一是加强党对生态文明建设的全面领导。深入学习宣传贯彻习近平生态文明思想，切实用其武装头脑、指导实践、推动工作。进一步完善中央统筹、省负总责、市县抓落实的攻坚机制，强化地方各级生态环境保护议事协调机制作用。认真贯彻领导干部生态文明建设责任制，严格实行党政同责、一岗双责，持续推进中央生态环境保护督察。不断提高党领导生态文明建设能力水平，高标准建设习近平生态文明思想研究中心。

二是全面推动绿色低碳循环发展。完整准确全面贯彻新发展理念，认真落实碳达峰碳中和"1+N"政策体系，推动产业结构、能源结构、交通运输结构优化调整，建立健全绿色低碳循环发展经济体系。统筹推进区域绿色协调发展，聚焦长江经济带发展、黄河流域生态保护和高质量发展等重大国家战略实施，打造绿色发展高地。加强生态环境分区管控，推动"三线一单"成果应用。

三是深入打好污染防治攻坚战。全面贯彻落实《中共中央 国务院关于深入打好污染防治攻坚战的意见》，坚持精准治污、科学治污、依法治污，保持力度、延伸深度、拓宽广度，以更高标准打好蓝天、碧水、净土保卫战，集中攻克老百姓身边的突出生态环境问题。系统构建全过程、多层次生态环境风险防范体系，及时妥善应对突发生态环境事件，切实维护生态环境安全。

四是提升生态系统质量和稳定性。统筹山水林田湖草沙系统治理，保持山水生态的原真性和完整性。加强生态保护修复监管，着力提高生态系统自我修复能力，重点实施关系国家生态安全区域的生态修复工程，筑牢国家生态安全屏障。严守生态保护红线、永久基本农田、城镇开发边界三条控制线，实施生物多样性保护重大工程。持续推进国家公园建设，创新自然保护地管理体制机制，不断完善自然保护地体系。

五是持续推进生态环境治理体系现代化。深化生态文明体制改革，构建党委领导、政府主导、企业主体、社会组织和公众共同参与的"大环保"格局。加快建立健全系统完整的生态文明制度体系，持续完善生态环境法律法规，健全生态环境经济政策。加强系统监管和全过程监管，提升生态环境监管执法效能。提高生态环境治理能力现代化水平，完善资金投入机制，加强科技攻关，强化基础能力建设。

六是深度参与全球环境治理。始终秉持人与自然生命共同体理念，深度参与全球环境治理，深化生态环境保护国际交流合作，切实履行气候变化、生物多样性等环境公约义务，积极参与全球气候谈判议程和国际规则制定。有力推进绿色"一带一路"建设。积极推进习近平生态文明思想国际传播，讲好中国生态文明故事，为全球可持续发展作出中国贡献。

完整准确深入学习领悟习近平
生态文明思想核心要义[*]

　　思想旗帜领航伟大征程。党的十八大以来，习近平总书记站在中华民族永续发展的高度，以马克思主义政治家、思想家、战略家的深邃洞察力、敏锐判断力、理论创造力，深刻把握共产党执政规律、社会主义建设规律、人类社会发展规律，统筹推进"五位一体"总体布局、协调推进"四个全面"战略布局，继承和发展新中国生态文明建设探索实践成果，大力推动生态文明理论创新、实践创新、制度创新，创造性提出一系列新理念新思想新战略，形成了习近平生态文明思想。

　　习近平生态文明思想是习近平新时代中国特色社会主义思想的重要组成部分，是社会主义生态文明建设理论创新成果和实践创新成果的集大成，贯穿着马克思主义立场观点方法，包含着原创性、时代性、指导性的重大思想观点，蕴含着丰富的原理、哲理、道理，是一个系统完整、逻辑严密、内涵丰富、博大精深的科学体系，系统阐

---

　　[*] 原文刊登于《中国经济时报》2022 年 9 月 21 日第 3 版，作者：俞海。

释了人与自然、保护与发展、环境与民生、国内与国际等关系，就其主要方面来讲，集中体现为"十个坚持"。

坚持党对生态文明建设的全面领导。这是我国生态文明建设的根本保证。习近平总书记指出，生态环境是关系党的使命宗旨的重大政治问题。中国共产党带领人民建设我们的国家，创造更加幸福美好的生活，秉持的一个理念就是搞好生态文明。生态文明建设做好了，对中国特色社会主义是加分项。生态文明建设是党中央治国理政的重要内容，党的全面领导具有"把舵定向"的重大作用。必须坚决担负起生态文明建设的政治责任，不断提高政治判断力、政治领悟力、政治执行力，心怀"国之大者"，当好生态卫士，坚持正确政绩观，敬畏历史、敬畏文化、敬畏生态，严格实行党政同责、一岗双责，坚决做到令行禁止，确保党中央关于生态文明建设的各项决策部署落地见效。

坚持生态兴则文明兴。这是我国生态文明建设的历史依据。习近平总书记强调，生态环境是人类生存和发展的根基，生态环境变化直接影响文明兴衰演替。古今中外有许多深刻教训值得深思，只有尊重自然规律，才能有效防止在开发利用自然上走弯路。不尊重自然，违背自然规律，只会遭到自然报复。杀鸡取卵、竭泽而渔的发展方式走到了尽头，顺应自然、保护生态的绿色发展昭示着未来。生态环境保护是功在当代、利在千秋的事业。必须深刻认识生态环境是人类生存最为基础的条件，要以生态文明建设为引领，把人类活动限制在生态环境能够承受的限度内，给自然生态留下休养生息的时间和空间。以对人民群众、对子孙后代高度负责的态度和责任，加强生态文明建设，筑牢中华民族永续发展的生态根基。

坚持人与自然和谐共生。这是我国生态文明建设的基本原则。习近平总书记指出，大自然孕育抚养了人类，人类必须尊重自然、顺应自然、保护自然。人与自然的关系是人类社会最基本的关系。自然是生命之母，大自然是包括人在内一切生物的摇篮，是人类赖以生存发展的基本条件。当人类合理利用、友好保护自然时，自然的回报常常是慷慨的；当人类无序开发、粗暴掠夺自然时，自然的惩罚必然是无情的。我国建设社会主义现代化具有许多重要特征，其中之一就是我国现代化是人与自然和谐共生的现代化，注重同步推进物质文明建设和生态文明建设。必须深化对人与自然和谐共生的规律性认识，站在人与自然和谐共生的高度来谋划经济社会发展，坚持节约资源和保护环境的基本国策，坚持节约优先、保护优先、自然恢复为主的方针，努力建设人与自然和谐共生的现代化。

坚持绿水青山就是金山银山。这是我国生态文明建设的核心理念。习近平总书记强调，我们既要绿水青山，也要金山银山。宁要绿水青山，不要金山银山，而且绿水青山就是金山银山。保护生态环境就是保护生产力，改善生态环境就是发展生产力。生态环境保护和经济发展不是矛盾对立的关系，而是辩证统一的关系。发展经济不能对资源和生态环境竭泽而渔，生态环境保护也不是舍弃经济发展而缘木求鱼。实践证明，经济发展不能以破坏生态为代价，生态本身就是经济，保护生态就是发展生产力。人不负青山，青山定不负人。必须处理好绿水青山和金山银山的关系，努力把绿水青山蕴含的生态产品价值转化为金山银山，让良好生态环境成为经济社会持续健康发展的支撑点，坚定不移走生产发展、生活富裕、生态良好的文明发展道路，促进经济发展和环境保护双赢。

坚持良好生态环境是最普惠的民生福祉。这是我国生态文明建设的宗旨要求。习近平总书记指出，良好的生态环境是最公平的公共产品，是最普惠的民生福祉。随着我国社会主要矛盾转化为人民日益增长的美好生活需要和不平衡不充分的发展之间的矛盾，人民群众对优美生态环境需要已经成为这一矛盾的重要方面，从"盼温饱"到"盼环保"，从"求生存"到"求生态"，人民群众对清新空气、清澈水质、清洁环境等生态产品的需求越来越迫切，热切期盼加快提高生态环境质量。环境就是民生，青山就是美丽，蓝天也是幸福。加强生态文明建设是人民群众追求高品质生活的共识和呼声。必须落实以人民为中心的发展思想，坚持生态惠民、生态利民、生态为民，重点解决损害群众健康的突出环境问题，加快改善生态环境质量，提供更多优质生态产品，让人民过上高品质生活。

坚持绿色发展是发展观的深刻革命。这是我国生态文明建设的战略路径。习近平总书记强调，生态环境问题归根到底是发展方式和生活方式问题。绿色决定发展的成色。建立健全绿色低碳循环发展经济体系、促进经济社会全面绿色转型是解决我国生态环境问题的治本之策。坚持绿色发展是对生产方式、生活方式、思维方式和价值观念的全方位、革命性变革，突破了旧有发展思维、发展理念和发展模式，是对自然规律和经济社会可持续发展一般规律的深刻把握。必须坚持和贯彻新发展理念，牢牢抓住实现减污降碳协同增效总抓手，以改善生态环境质量为核心，加快推动产业结构、能源结构、交通运输结构、用地结构调整，全面提高资源利用效率，发展绿色低碳技术，加快形成绿色发展方式和生活方式，推动碳达峰碳中和目标如期实现。

坚持统筹山水林田湖草沙系统治理。这是我国生态文明建设的系统观念。习近平总书记指出，生态是统一的自然系统，是相互依存、紧密联系的有机链条。山水林田湖草沙是生命共同体，这个生命共同体是人类生存发展的物质基础。统筹山水林田湖草沙系统治理，深刻揭示了生态环境各要素内在发展规律，为全方位、全地域、全过程开展生态文明建设提供了方法论指导。必须坚持系统观念，从生态系统整体性出发，推进山水林田湖草沙一体化保护和修复，更加注重综合治理、系统治理、源头治理，提升生态系统质量和稳定性，守住自然生态安全边界。要统筹兼顾、整体推进，增强各项举措的关联性和耦合性，加强综合治理系统性和整体性，全方位、全地域、全过程开展生态文明建设。

坚持用最严格制度最严密法治保护生态环境。这是我国生态文明建设的制度保障。习近平总书记强调，我国生态环境保护中存在的突出问题大多同体制不健全、制度不严格、法治不严密、执行不到位、惩处不得力有关。只有实行最严格的制度、最严密的法治，才能为生态文明建设提供可靠保障。必须把制度建设作为推进生态文明建设的重中之重，加快制度创新、增加制度供给、完善制度配套，按照源头预防、过程控制、损害赔偿、责任追究的思路，构建产权清晰、多元参与、激励约束并重、系统完整的生态文明制度体系。制度的生命力在于执行，关键在真抓，靠的是严管。对破坏生态环境的行为不能手软，不能下不为例。要下大气力抓住破坏生态环境的反面典型，释放出严加惩处的强烈信号，让制度成为刚性约束和不可触碰的高压线。

坚持把建设美丽中国转化为全体人民自觉行动。这是我国生态文明建设的社会力量。习近平总书记指出，生态文明是人民群众共同参与共同建设共同享有的事业，每个人都是生态环境的保护者、建设者、受益者，没有哪个人是旁观者、局外人、批评家，谁也不能只说不做、置身事外。必须增强全民节约意识、环保意识、生态意识，培育生态道德和行为准则，开展全民绿色行动，动员全社会都以实际行动减少能源资源消耗和污染排放，为生态环境保护作出贡献。建立健全以生态价值观念为准则的生态文化体系，牢固树立社会主义生态文明观，大力宣传绿色文明，加强生态文明宣传教育，开展绿色生活创建活动。积极引导公众和社会组织共同参与，完善共建共治共享机制政策，完善公众参与制度，把建设美丽中国转化为每一个人的自觉行动。

坚持共谋全球生态文明建设之路。这是我国生态文明建设的全球倡议。习近平总书记强调，建设美丽家园是人类的共同梦想；面对生态环境挑战，人类是一荣俱荣、一损俱损的命运共同体，没有哪个国家能独善其身；建设全球生态文明需要各国齐心协力，共同促进绿色、低碳、可持续发展。生态文明建设关乎人类未来，地球上的物质资源必然越用越少，大量耗费物质资源的传统发展方式显然难以为继。只有探索人与自然和谐共生之路，促进经济发展与生态保护协调统一，才能守护好这颗蓝色星球。生态文明是人类文明发展的历史趋势，是构建人类命运共同体的重要内容。建设全球生态文明需要各国齐心协力，共同促进绿色、低碳、可持续发展。必须秉持人类命运共同体理念，同舟共济、共同努力，构筑尊崇自然、绿色发展的生态体系，积极应对气候变化，保护生物多样性，为实现全球可持续发展、建设清洁美丽世界贡献中国智慧、中国方案和中国力量。

历史已经反复证明，拥有科学理论的政党，才拥有真理力量；科学理论指引的事业，才拥有光明前途。我们要深入学习贯彻习近平生态文明思想，深刻把握习近平生态文明思想的科学性和真理性、人民性和实践性、开放性和时代性，准确理解习近平生态文明思想的核心要义、精神实质、丰富内涵、实践要求，不断提高认识问题、分析问题、解决问题的政治能力、战略眼光和专业水平，在学懂弄通做实上不断取得新进展新成效。保持战略定力，按照立足新发展阶段、贯彻新发展理念、构建新发展格局、推动高质量发展的要求，以生态环境高水平保护推动高质量发展、创造高品质生活，以实际行动迎接党的二十大胜利召开。

为美丽中国建设作出更大贡献*

党的十八大以来，以习近平同志为核心的党中央从中华民族永续发展的战略高度出发，大力推动生态文明理论创新、实践创新、制度创新，创造性提出一系列新理念新思想新战略，形成了习近平生态文明思想。这一思想系统完整、逻辑严密、内涵丰富、博大精深，包含着一系列具有原创性、时代性、指导性的重大思想观点，标志着我们党对生态文明建设的规律性认识达到新的高度。习近平生态文明思想高高举起了新时代生态文明建设的思想旗帜，是推进美丽中国建设、实现人与自然和谐共生现代化的强大思想武器，其科学性和真理性、人民性和实践性、开放性和时代性的鲜明理论品格熠熠生辉，展现出强大生命力。

---

* 原文刊登于《内蒙古日报》2022 年 9 月 24 日第 4 版，作者：俞海。

具有鲜明的科学性和真理性

习近平生态文明思想深刻回答了新时代为什么建设生态文明、建设什么样的生态文明、怎样建设生态文明等一系列重大问题，是对共产党执政规律、社会主义建设规律、人类社会发展规律在生态文明领域的科学认识，是经受住实践检验、历史检验、人民检验的科学真理。

习近平生态文明思想丰富了对共产党执政规律、社会主义建设规律和人类社会发展规律的认识。生态环境是关系党的使命宗旨的重大政治问题。将生态文明建设作为我们党长期执政必须解决好的历史性课题，深刻把握扛起生态文明建设政治责任对稳固党的执政基础的重要影响，以新的视野、新的认识、新的理念，丰富了建设什么样的党、怎样建设长期执政党的认识。中国特色社会主义是全面发展的社会主义，将生态文明建设摆在全局工作的突出地位：在"五位一体"总体布局中，生态文明建设是其中一位；在新时代坚持和发展中国特色社会主义基本方略中，坚持人与自然和谐共生是其中一条；在新发展理念中，绿色是其中一项；在建成社会主义现代化强国目标中，美丽中国是其中一个。表明党对中国特色社会主义建设规律的认识和把握达到新的高度。生态文明是人类文明发展的历史趋势，是人类社会进步的重大成果。习近平总书记以深邃的历史眼光，纵观古今、横贯中外，提出"生态兴则文明兴，生态衰则文明衰"的论断，不仅是对人类文明与生态环境动态关系的科学把握，更是对人类生存和发展根基、文明兴衰演替规律的精准识别，科学论证了我国大力推进生态文明建设的历史必然性。

马克思主义是经过历史和实践检验的真理，习近平生态文明思想蕴含着丰富的马克思主义立场、观点和方法，是推进马克思主义中国化时代化的光辉典范。这一思想对"人与自然和谐共生""绿水青山就是金山银山"等理念的深刻揭示，运用和深化了马克思主义关于人与自然、生产和生态的辩证统一关系的认识，是中国式现代化道路和人类文明新形态的重要内容和重大成果，丰富和发展了马克思主义生态观、自然观，实现马克思主义关于人与自然关系思想的与时俱进。基于马克思主义唯物辩证法，运用系统观念，创造性提出"统筹山水林田湖草沙系统治理"等论断，为生态环境治理提供了科学的理论和方法支撑。党的十八大以来，美丽中国建设迈出重大步伐，以实践验证了习近平生态文明思想的科学性和真理性。

具有突出的人民性和实践性

马克思主义是"人民的理论"和"实践的理论"，习近平生态文明思想正是对马克思主义人民性和实践性特质的赓续和升华。这一思想内在的根本立场、价值旨向，铸就了广大人民群众高度的政治认同、思想认同、理论认同、情感认同的坚实基础，也成为激励中国人民勠力同心、砥砺奋进，共建美丽中国的力量源泉。

良好生态环境是最普惠的民生福祉，保护生态环境就是增进民生福祉。习近平生态文明思想坚持以人民为中心，从为了人民、依靠人民、造福人民等角度，创造性地将生态纳入民生范畴，对满足人民日益增长的优美生态环境需要进行阐释，充分彰显了深厚的人民情怀。这一思想顺应人民群众对良好生态环境的热切期盼，坚持生态惠民、生态利民、生态为民，积极回应人民群众所想、所盼、所急，不断提升良好生态环境和优质生态产品带来的获得感、幸福感、安全感，创造高品质生活。建设美丽中国是人民群众共同参与共同建设共同享有的事业，每个人都是生态环境的保护者、建设者、受益者，没有哪个人是旁观者、局外人、批评家。坚持把建设美丽中国转化为全体人民自觉行动，就是要充分发挥人民群众的积极性、主动性、创造性，凝聚民心、集中民智、汇集民力，广泛动员全民参与生态文明建设，形成人人、事事、时时崇尚生态文明的社会氛围。

在以人民为中心的导向下，我们党面对生态文明建设过程中的一系列重大理论和现实问题，勇于探索、敢于实践，带领全国人民开启了建设人与自然和谐共生的现代化的社会主义生态文明新时代，并在理论与实践互动、良性循环中，推动习近平生态文明思想形成、丰富、发展和升华。党的十八大以来，以习近平同志为核心的党中央以前所未有的力度抓生态文明建设，全党全国推动绿色发展的自觉性和主动性显著增强，我国生态文明建设发生历史性、转折性、全局性变化，在实现世所罕见的经济快速发展奇迹和社会长期稳定奇迹的同时，取得了举世瞩目的生态奇迹和绿色发展奇迹，为全面建成小康社会增添了绿色底色和质量成色，充分彰显了这一思想强大的实践伟力。

具有显著的开放性和时代性

习近平生态文明思想是开放包容的理论，是不断发展的理论，始终站在时代前列和实践前沿，紧紧围绕事关生态文明建设的重大问题，既立足当下，又放眼未来，对建设人与自然和谐共生的美丽中国具有长远的指导意义，为我国生态文明建设描绘出清晰的时代蓝图。

习近平生态文明思想坚持在开放中创新、在创新中发展。这一思想既继承和创新了马克思主义自然观、生态观，又吸收和发展了中华优秀传统生态文化，还丰富和拓展了世界可持续发展的经验成果，提出关于人与自然关系的重大理念变革、发展洞见和科学预见。这一思想作为习近平新时代中国特色社会主义思想的重要组成部分，与习近平经济思想、习近平法治思想、习近平外交思想等相互贯通，在创造性回答当代中国和人类社会生态文明建设的重大理论和实践问题过程中，充分彰显了开放包容、开拓创新的生机活力。

习近平生态文明思想紧扣时代脉搏、回答时代课题、引领时代大潮。绿色是当今世界的发展潮流。在我国经济由高速增长阶段转向高质量发展阶段的过程中，必须保持加强定力，跨越污染防治和环境治理这一道重要关口。习近平生态文明思想正是立足于中国生态环境保护和经济社会发展客观实际，以及人类社会长远发展需求，科学回答了生态文明建设的中国之问、世界之问、时代之问，把我们党对生态文明建设的认识提升到一个新高度，开创了生态文明建设新境界。这一思想基于历史、立足当下、面向全球、着眼未来，不仅是指导当前我国生态文明建设的行动指南，也为实现中华民族永续发展提供了根本遵循，为人类可持续发展贡献了中国智慧和中国方案，具有指引未来的长远作用。

在以习近平同志为核心的党中央坚强领导下，在习近平生态文明思想的科学指引下，我国生态文明建设和生态环境保护取得历史性成就、发生历史性变革。党的十九大提出到2035年基本实现社会主义现代化，生态环境根本好转，美丽中国目标基本实现；到21世纪中叶，把我国建成富强民主文明和谐美丽的社会主义现代化强国。在实现第二个百年奋斗目标的新征程上，在迎接党的二十大胜利召开之际，我们必须充分认识这一思想的重大政治意义、理论意义、历史意义、实践意义、世界意义。深入学习贯彻习近平生态文明思想，保持加强生态文明建设的战略定力，坚定不移走生态优先、绿色发展之路，加快推动形成人与自然和谐共生新格局，为建设天更蓝、山更绿、水更清、环境更优美的美丽中国作出更大贡献。

以系统治理开启生态文明建设新征程[*]

习近平总书记在党的二十大报告中总结了新时代十年我国生态文明建设的伟大变革，指出了生态环境保护发生历史性、转折性、全局性变化的成功经验，即坚持绿水青山就是金山银山的理念，坚持山水林田湖草沙一体化保护和系统治理，全方位、全地域、全过程加强生态环境保护，不断健全生态文明制度体系，深入推进污染防治攻坚战，坚持绿色、循环、低碳发展。其中，系统治理理念为正确处理人与自然关系，坚定不移走生态优先、绿色发展之路，建设美丽中国提供了科学指引。

系统治理是生态文明建设的指导理念

系统治理是对新时代生态文明建设规律的科学认知。山水林田湖草沙是统一的自然系统，它们之间存在着无数个有机链条，通过能

* 原文刊登于《中国环境报》2022 年 12 月 22 日第 3 版，作者：郝亮。

量流动与物质循环相互联系、相互影响，共同维持着地球生态系统的正常运行，并与人一起构成生机勃勃的生命共同体。人的命脉在田，田的命脉在水，水的命脉在山，山的命脉在土，土的命脉在林和草，这个生命共同体是人类生存发展的物质基础，也是系统治理的逻辑前提。统筹山水林田湖草沙系统治理，创造性地把自然生态的系统性、共生性思维移植到人类的生态治理领域，丰富和发展了唯物辩证法的系统思维和生态思维，有助于准确把握自然发展规律、经济发展规律和社会发展规律。

系统治理是推进人与自然和谐共生的现代化的重要指导理念。在推进中国式现代化过程中应统筹产业结构调整、污染治理、生态保护、应对气候变化，协同推进降碳、减污、扩绿、增长。第一，污染的根源在于粗放的生产方式和不健康的生活方式，只有变革生产与生活方式才能实现环境质量改善，因此要统筹经济增长和污染治理。第二，节能、降碳和治污往往具有"范围经济"的效果，几个方面"分治"的成效之和通常不如"统治"的成效。第三，节约和减排具有方向上的一致性。在一定程度上，资源能源的减量化使用就是废弃物的减量化排放。因此，要大力推进资源的高效节约集约利用。第四，生态保护与污染防治密不可分、相互作用，一方面要做好减法，降低污染物排放量；另一方面要做好加法，扩大环境容量，推动二者协同发力。

系统治理是生态文明建设的方法遵循

系统治理是新时代生态文明建设的重要方法遵循。统筹兼顾、综合平衡的生态治理理念，体现了整体性、辩证性思维，有助于从完整生命体的角度把脉和诊治生态文明建设中的问题。统筹兼顾注重从整体上把握系统各个组成部分的有机联系和相互作用；综合平衡强调通过协调内在关系、平衡各方利益，最大限度发挥系统的整体功能。统筹山水林田湖草沙系统治理是唯物辩证法在生态文明建设领域的创造性运用和创新性发展，是国家治理体系和治理能力现代化在生态领域的具体路径和操作指南。在新征程上建设美丽中国，必须从系统工程和全局角度寻求治理之道，坚持统筹兼顾、整体施策、多措并举，全方位、全地域、全过程开展生态文明建设。

着力构建系统完整的绿色低碳发展体制机制。在体制上，必须以系统观念、整体思维、综合方法解决长期存在的九龙治水、各管一摊等部门分割问题，坚持统筹兼顾山上山下、地上地下、岸上水里、城市农村、陆地海洋以及流域上下游和左右岸等，通过深化机构改革实现一体化保护和系统治理，达到"1+1>2"的系统优化效果。在机制上，健全严格执法的法治机制，鼓励各类主体通过法律保护合法环境权益不受侵犯；完善灵活高效的市场机制，通过价格信号以经济激励的方式促使各类主体自觉落实节约资源和保护环境责任；改进行政干预机制，提高行政干预机制的有效性和效率；落实公众监督等社会机制，鼓励群众和社会组织参与对各种破坏生态环境违法行为的监督、举报和诉讼。

坚持以系统治理理念谋划保护与发展

站在人与自然和谐共生的高度统筹治理山水林田湖草沙。统筹山水林田湖草沙系统治理是对我国改革开放进程中保护与发展问题进行系统性反思的结果。在过去，一些地区的山水林田湖草沙遭受了不同程度的破坏。恢复这一生命共同体的生机，必须深刻认识和把握生态文明建设规律，突出人与自然和谐共生的价值追求，从更好保护生态系统完整性的角度出发，立足各生态系统自身条件，遵循"宜耕则耕、宜林则林、宜草则草、宜湿则湿、宜荒则荒、宜沙则沙"的原则，既不能一味放任、屈从生态系统的变化，也不能仅凭主观意志对生态系统进行人为干预。要坚持自然恢复为主、人工修复为辅，增强各项举措的关联性和耦合性，打破条块分割的管理模式，统筹各类规划、资金与项目等，注重加强开发利用与保护修复间的协同，不同要素、区域、系统间的协同，以及相关部门、主体间的协同，构建全面综合的协调机制。

生态保护与系统治理要加强生态战略研究并采取合理举措。一方面，以江河湖流域、山体山脉等相对完整的自然地理单元为基础，结合行政区域划分，进行分区保护、分类治理。统筹森林、湿地、水系流域、野生动物栖息地等生态空间，着力构建以青藏高原生态屏障、黄土高原—川滇生态屏障、东北森林带、北方防沙带和南方丘陵山地带以及大江大河重要水系为骨架，以国家重点生态功能区为重要支撑，以点状分布的国家禁止开发区域为重要组成的陆域生态安全战略格局。另一方面，开展山水林田湖草沙生命共同体承载能力、适应性、脆弱性、敏感性评价及生态系统健康状况评价。对受损严重且需要迫切修复的重要区域，采用自然修复与人工治理、生物措施与工程措施、道德倡导与法治强制、经济激励与行政惩罚等相结合的方法，进行系统修复、综合治理。

坚持系统治理，筑牢中华民族伟大复兴中国梦的生态根基。当前我国生态保护工作仍面临多重压力，生态修复成效不稳定等问题依然突出。必须完整、准确、全面理解学习贯彻习近平生态文明思想，以自然之道，养万物之生，从保护自然中寻找发展机遇。从自然生态系统演替规律和内在机理出发，把保持山水生态的原真性和完整性作为一项重要工作，尊重自然、顺应自然、保护自然，坚持节约优先、保护优先、自然恢复为主的方针。充分发挥科技创新的驱动作用，强化生态环境治理、监测、修复等关键核心技术自主研发能力，深入推进山水林田湖草沙一体化保护和系统治理，统筹兼顾、齐抓共管、整体施策，激发生态系统的自我修复和发展能力，不断提升生态系统的多样性、稳定性、持续性，促进自然生态系统质量的整体改善和生态产品供给能力的全面增强，让美丽中国呈现多元之美、系统之美。

"中国式现代化"为何强调
"人与自然和谐共生"*

    中国共产党致力于以中国式现代化全面推进中华民族伟大复兴。习近平总书记指出，中国式现代化是中国共产党领导的社会主义现代化，既有各国现代化的共同特征，更有基于自己国情的中国特色。其中之一就是，中国式现代化是人与自然和谐共生的现代化。准确理解和把握这一重要论断的理论内涵和实践要求，对全面建成社会主义现代化强国至关重要。

    人与自然和谐共生是中国式现代化的鲜明特征。人与自然是生命共同体，无止境地向自然索取甚至破坏自然，必然会遭到大自然的报复。从国际上看，尽管西方资本主义国家的现代化在人类现代化发展时序中处于先发行列，但是西方的现代化模式先天性地包含着资本主义制度本身无法克服的局限性，资本对利润无止境追逐，导致对自然无节制索取，在创造了极为丰裕物质财富的同时，带来了难以想

---

    * 原文刊登于《光明日报》2022 年 12 月 27 日第 11 版，作者：俞海。

象的环境创伤。从国内看，人口规模巨大和现代化的后发性，决定了我国实现现代化将面临更强的资源环境约束。我国资源总量丰富，但人均资源占有量远低于世界平均水平。我国人均耕地面积不足世界平均水平的 1/2，宜居程度较高的土地面积只占我国陆地国土面积的 19%；人均淡水资源量仅为世界平均水平的 1/4，且时空分布极不平衡；油气、铁、铜等大宗矿产的人均储量远低于世界平均水平，对外依存度高；人均森林面积仅为世界平均水平的 1/5，近一半木材依赖进口。我国作为 14 亿多人口的发展中大国，人口众多、资源相对不足、环境承载力较弱是当前的基本国情，生态环境状况尚未得到根本扭转，要整体迈入现代化，高消耗、高污染的发展模式是行不通的，资源环境的压力也是不可承受的。在科学总结规律以及长期探索和实践的基础上，中国式现代化摒弃了西方以资本为中心、物质主义膨胀、先污染后治理的现代化老路，开辟了人与自然和谐共生的现代化新路，实现了对西方现代化发展道路的科学扬弃和全面超越。

新时代生态文明建设取得历史性成就，并为全面推进中华民族伟大复兴奠定了坚实的绿色根基。党的十八大以来，习近平总书记站在中华民族永续发展的高度，亲自谋划、亲自部署、亲自推动建设人与自然和谐共生的美丽中国，大力推动生态文明理论创新、实践创新、制度创新，系统形成习近平生态文明思想。在习近平总书记的掌舵领航下，我国生态环境保护发生历史性、转折性、全局性变化。各地生态文明建设迈出坚实步伐：在浙江，全省率先践行"腾笼换鸟、凤凰涅槃"，率先探索推广"亩均论英雄"改革，推动经济社会发展全面绿色转型加速；在内蒙古自治区兴安盟科尔沁右翼中旗，当地群众"吃生态饭、做牛文章、念文旅经"，实现了沙退人进、绿富同兴的绿色发展新常态……十年间，各地坚定不移走生态优先、绿色发展之路，坚持"绿水青山就是金山银山"的理念，绿色发展日益成为发展的普遍形态，我们的祖国天更蓝、山更绿、水更清。如今，我国已经成为世界上空气质量改善最快的国家，全国地表水优良断面比例接近发达国家水平，全国土壤污染风险得到有效管控，人工林面积居世界首位，人民群众的生态环境获得感、幸福感、安全感不断增强。新时代十年这一系列伟大成就的取得，进一步增强了美丽中国建设的历史自信和战略定力，为实现人与自然和谐共生的现代化提供了坚实基础。

在新时代新征程，建设人与自然和谐共生的中国式现代化。促进人与自然和谐共生是中国式现代化的本质要求。在续写新时代十年伟大变革的新征程上，党的二十大报告对推动绿色发展，促进人与自然和谐共生作出了新的重大安排部署，明确了建设人与自然和谐共生现代化的战略路径和任务要求。我们要紧紧围绕党的中心任务，以习近平生态文明思想为指引，统筹产业结构调整、污染治理、生态保护、应对气候变化，协同推进降碳、减污、扩绿、增长，推进生态优先、节约集约、绿色低碳发展，不断开创生态环境保护工作新局面。要以高质量发展为导向，加快发展方式绿色转型，充分发挥生态环境保护的引领、优化和倒逼作用，推动经济社会发展绿色化、低碳化。要坚持精准治污、科学治污、依法治污，保持力度、延伸深度、拓宽广度，深入推进环境污染防治，持续深入打好蓝天、碧水、净土保卫战，推动实现生态环境质量由量变到质变。要坚持山水林田湖草沙一体化保护和系统治理，持续提升生态系统多样性、稳定性、持续性，切实提升生态系统质量。要进一步把碳达峰碳中和纳入生态文明建设整体布局和经济社会发展全局，在发展要安全、能源要安全、生态环境要安全的前提下，积极稳妥推进碳达峰碳中和。

实践篇

全面把握我国生态环境保护发生的
历史性、转折性、全局性变化*

　　党的十八大以来，以习近平同志为核心的党中央把生态文明建设摆在全局工作的突出位置，提出一系列新理念新思想新战略，全面加强生态文明建设，开展了一系列根本性、开创性、长远性工作，决心之大、力度之大、成效之大前所未有。党的十九届六中全会通过的《中共中央关于党的百年奋斗重大成就和历史经验的决议》指出，党的十八大以来，党中央以前所未有的力度抓生态文明建设，全党全国推动绿色发展的自觉性和主动性显著增强，美丽中国建设迈出重大步伐，我国生态环境保护发生历史性、转折性、全局性变化。"历史性""转折性""全局性"等字样高度概括了我国在生态文明建设上取得的巨大成就，分量十足、内涵丰富。总结剖析我国生态环境保护所取得历史性成就，正确认识和把握生态环境保护领域历史性、转折性、全局性变化的根源和内涵，对于推进"十四五"时期生态文明建设实现新进步，2035 年生态环境根本好转、基本实现美丽中国建设等目标具有十分重要的意义。

---

*原文刊登于《思想理论教育导刊》2022 年第 2 期，作者：钱勇。

思想认识之变：生态文明建设成为“国之大者”

自新中国成立以来，我国先后提出并确立保护环境为基本国策，可持续发展为国家战略，建设资源节约型、环境友好型社会，生态环境保护的战略地位不断提升。特别是党的十八大以来，以习近平同志为核心的党中央对生态环境保护工作高度重视，把生态文明建设作为关系中华民族永续发展的根本大计，摆在治国理政的重要位置，谋划开展一系列具有根本性、长远性、开创性的工作，作出一系列事关全局的重大战略部署。

生态文明建设的战略地位得到显著提升。在中国特色社会主义事业“五位一体”总体布局中，生态文明建设是重要组成部分；在新时代坚持和发展中国特色社会主义 14 条基本方略中，坚持人与自然和谐共生是一条基本方略；在全面贯彻创新、协调、绿色、开放、共享的新发展理念中，绿色是一大发展理念；在坚决打好防范化解重大风险、精准脱贫、污染防治“三大攻坚战”中，污染防治是一大攻坚战；在到 21 世纪中叶建成富强民主文明和谐美丽的社会主义现代化强国目标中，美丽是一个重要目标。2017 年党的十九大修改通过的《中国共产党章程》增加“增强绿水青山就是金山银山的意识”等内容，2018 年第十三届全国人民代表大会第一次会议通过的《中华人民共和国宪法修正案》将生态文明写入《中华人民共和国宪法》，实现了党的主张、国家的意志、人民的意愿的高度统一，这也从党和国家根本大法的层面上进一步彰显出生态文明在党和国家事业发展全局中的重要地位。习近平总书记把"必须坚持生态保护第一"作为新时代党的治藏方略"十个必须"之一，把"必须践行绿水青山就是金山银山的理念，实现经济社会和生态环境全面协调可持续发展"作为深圳等经济特区 40 年改革开放、创新发展积累的"十条宝贵经验"中的一条。这些都集中体现了生态文明建设在新时代党和国家事业发展中的重要地位，体现了党中央对建设生态文明的部署和要求。

全社会对生态环境保护工作重视的广泛共识不断形成。一方面表现在广大干部尤其是党政领导干部对生态文明建设和环境保护重要性的认识不断深化，各级领导干部不断摒弃重发展、轻环保的思想认识，正确处理好经济发展与环境保护的关系，切实增强推动绿色发展的自觉性和坚定性，坚决扛起生态环境保护的政治责任。另一方面是习近平生态文明思想深入人心，绿水青山就是金山银山已经成为全社会的普遍共识，人们贯彻绿色发展理念的自觉性、主动性显著增强，这样的思想共识是打赢打好污染防治攻坚战的根本思想保证和思想基础。

规律认识之变：生态文明建设理论和实践开辟新境界

中国共产党以高度的政治自觉、理论自觉和行动自觉，推动我国生态环境保护事业和生态文明理论创新发展。2018 年全国生态环境保护大会正式确立习近平生态文明思想，为新时代生态文明建设提供了根本遵循和实践动力，为新时代推进生态文明建设和生态环境保护提供了强大的思想武器和根本保障，标志着我国生态环境保护事业进入全新发展阶段。习近平生态文明思想内涵丰富、博大精深，站在整个人类文明发展的历史高度，深刻阐明了人与自然的关系、发展与保护的关系、环境与民生的关系、自然生态各要素之间的关系等，系统回答了为什么建设生态文明、建设什么样的生态文明、怎样建设生态文明等重大理论和实践问题，把我们党对生态文明建设规律的认识提升到一个新高度。

"生态兴则文明兴，生态衰则文明衰"的历史文明观。习近平总书记强调，生态文明建设是关系中华民族永续发展的根本大计，生态好才能文明旺，国家美才能事业昌。这是站在人类发展历史的视角思考自然生态、经济和人类关系的观点，回答了生态文明建设的历史定位问题。

"人与自然是生命共同体"的科学自然观。习近平总书记指出，人与自然是生命共同体，生态环境没有替代品，用之不觉，失之难存，人类必须尊重自然、顺应自然、保护自然。这为建设生态文明指明了必须遵循的总体原则，是我们党执政理念的升华，体现出我们党对发展规律认识的深化，回答了生态文明建设基本理念问题。

"绿水青山就是金山银山"的绿色发展观。习近平总书记指出"绿水青山"和"金山银山"的关系是辩证统一的，深刻回答了发展与保护的本质关系问题，对生态环境进行了重新定位，从根本上打破简单把发展与保护对立起来的思维束缚，诠释了经济发展与生态环境保护的关系，指明了实现发展和保护协同共生的路径，是对发展思路、方向、着力点的认识飞跃和重大变革，是发展观的深刻革命。

"良好生态环境是最普惠的民生福祉"的环境民生观。习近平总书记强调，生态环境是关系党的使命宗旨的重大政治问题，也是关系民生的重大社会问题，环境就是民生，青山就是美丽，蓝天也是幸福。人民立场是中国共产党根本政治立场，是马克思主义政党区别于其他政党的显著标志。这种基础民生观是对民生内涵的进一步丰富和发展，回答了生态文明建设的目标指向问题。

"山水林田湖草沙一体化保护和系统治理"的整体系统观。习近平总书记坚持自然与历史的辩证统一，强调人的命脉在田，田的命脉在水，水的命脉在山，山的命脉在土，土的命脉在林和草，这是人类生存发展的物质基础。用"命脉"把人与山水林田湖草连在一起，生动形象地阐述了人与自然之间唇齿相依的一体性关系，也指明了生态文明建设的系统思维和实践方法。

"用最严格制度、最严密法治保护生态环境"的严密法治观。习近平指出，要用制度保护环境。只有实行最严格的制度、最严密的法治，才能为生态文明建设提供可靠保障。在中国共产党的领导下，我国逐步形成由生态环境保护综合性法律、单项法律，以及行政法规、地方性法规、部门规章和地方政府规章等构成的生态环境保护法律法规体系，为生态环境保护事业发展提供了有力保障。这回答了生态文明建设的保障机制问题。

"建设美丽中国全民行动"的全民行动观。习近平强调，生态文明建设同每个人息息相关，每个人都是生态环境的保护者、建设者、受益者，没有哪个人是旁观者、局外人、批评家，谁也不能只说不做、置身事外。这回答了生态文明建设和生态环境保护的权责和行动主体。

"共谋全球生态文明建设之路"的共赢全球观。习近平强调，人类是命运共同体，建设绿色家园是人类的共同梦想，人类应共建清洁美丽的世界。这体现了宽广的全球视野和统筹国内国际两个大局的战略抉择，回答了生态文明建设的命运共同体和国际话语权问题。

习近平生态文明思想涵盖了生态文明建设的历史定位、基本理念、本质关系、政治要求、目标指向、实践方法、根本保障、国际视野等诸多方面，高度体现了中国共产党对生态文明建设规律的深刻认识，开辟了生态文明建设理论和实践的新境界，为我们在新的历史起点上推进生态文明和美丽中国建设提供了思想武器、方向指引、根本依据、行动遵循和实践动力。

体制机制之变：生态文明建设发生历史性变革

生态环境保护管理体制不断健全完善。1974 年，国务院环境保护领导小组正式成立；1982 年，在城乡建设环境保护部设立环境保护局；1984 年，成立国务院环境保护委员会，同年 12 月城乡建设环境保护部环境保护局改为国家环境保护局，为国务院环境保护委员会的办事机构；1988 年，国家环境保护局从城乡建设环境保护部分离出来，并被确定为国务院直属机构。1993 年，全国人大设立环境保护委员会，次年更名为环境与资源保护委员会。1998 年，国家环境保护局升格为国家环境保护总局，撤销国务院环境保护委员会，国家核安全局并入国家环境保护总局；全国政协设立人口资源环境委员会。2008 年，国家环境保护总局升格为环境保护部，环境保护部成为国务院组成部门。2018 年，生态环境部组建，统一行使生态和城乡各类污染排放监管与行政执法职责，并整合组建生态环境保护综合执法队伍，生态环境保护职责不断优化强化；组建自然资源部，统一履行所有国土空间用途管制和生态保护修复职责。

生态文明顶层设计和制度体系建设加快推进，生态环境治理水平有效提升。我国坚持依靠制度保护生态环境，从"32 字"环保工作方针，到八项环境管理制度，再到生态环境指标成为经济社会发展的约束性指标。特别是党的十八大以来，生态环境保护法治建设得到显著加强。2014 年，修订了被社会称为史上最严的环境保护领域的基础性法律《中华人民共和国环境保护法》。这之后，生态环境保护领域有近 30 部相关的法律法规得到制定和修订，其中包括大气、水、土壤污染防治法，固废法，环评法，海洋环境保护法，核安全法，以及近年来出台的长江保护法、排污许可条例等，基本建立了一套源头严防、过程严管、后果严惩的生态环境保护制度体系，用最严格制度最严密法治保护生态环境，为全面推进生态文明建设提供了制度和法治保障。

生态环境保护体制改革不断深化，生态文明"四梁八柱"性质的制度体系基本形成。建立健全自然资源资产产权制度、国土空间开发保护制度、生态文明建设目标评价考核制度和责任追究制度、生态补偿制度、河湖长制、林长制、环境保护"党政同责"和"一岗双责"等制度，制定修订相关法律法规，不断形成完善党委领导、政府主导、企业主体、社会组织和公众共同参与的大环保格局。在制度改革创新方面，陆续出台了几十项创新的制度和改革方案，比如省以下生态环境监测执法机构垂直管理制度改革、生态环境综合执法体制改革等，此外，还基本实现了全国污染源排污许可的全覆盖，尤其是中央生态环境保护督察成为推动各地区各部门落实生态环境保护责任的硬招实招，推动生态环境保护制度的长效化。全国人大常委会加强执法检查的力度，通过依法行使职权，推动习近平生态文明思想深入人心，推动各级政府及其有关部门认真履行法定职责、企业更加自觉转型发展、全社会法治意识和生态环保理念大幅提升。

环境改善之变：我国生态环境保护取得历史性成就

"十三五"时期是我国生态环境质量改善最大的五年，污染防治方式不断创新、领域不断拓展、力度不断加大，我国生态环境保护事业进入全新发展阶段。推动划定生态保护红线、环境质量底线、资源利用上线，对生态环境保护实行刚性约束。协同推动经济高质量发展和生态环境高水平保护，组织实施主体功能区战略，逐步形成人口、经济、资源环境相协调的国土空间开发格局，推动我国经济社会全面协调可持续发展，区域绿色发展格局加速形成。优化国土空间开发保护格局，建立以国家公园为主体的自然保护地体系，持续开展大规模国土绿化行动，加强大江大河和重要湖泊湿地及海岸带生态保护和系统治理，加大生态系统保护和修复力度，加强生物多样性保护，推动形成节约资源和保护环境的空间格局、产业结构、生产方式、生活方式。着力打赢污染防治攻坚战，深入实施大气、水、土壤污染防治三大行动计划，打好蓝天、碧水、净土保卫战，开展农村人居环境整治，全面禁止进口"洋垃圾"。开展中央生态环境保护督察，坚决查处一批破坏生态环境的重大典型案件、解决一批人民群众反映强烈的突出环境问题。

从数据、指标来看我国生态环境保护的这种历史性变化更为直观。截至2020年年底,我国单位国内生产总值二氧化碳排放比2005年下降了48.4%,超过我国向国际社会承诺的40%~45%的目标。污染防治力度加大,生态保护稳步推进,生态环境明显改善。"十三五"规划纲要确定的九项生态环境约束性指标和污染防治攻坚战的阶段性目标全面圆满超额完成,生态环境明显改善,厚植了全面建成小康社会的绿色底色和质量成色。在大气环境质量方面,截至2020年底,全国地级及以上城市优良天数比例达到了87%,比2015年增长5.8个百分点,超过"十三五"目标2.5个百分点。$PM_{2.5}$未达标地级及以上城市平均浓度降到了37微克/立方米,比2015年下降28.8%,也超过"十三五"目标10.8个百分点。在水环境质量方面,全国地表水优良水体比例由2015年的66%提高到2020年的83.4%,超过"十三五"目标13.4个百分点;劣V类水体比例由2015年的9.7%下降到2020年的0.6%,超过"十三五"目标4.4个百分点。在土壤环境质量方面,全国受污染耕地安全利用率和污染地块安全利用率双双超过90%,顺利实现了"十三五"目标。在生态环境状况方面,2020年全国森林覆盖率达到了23.04%,自然保护区以及各类自然保护地面积占到陆域国土面积的18%。2020年国家统计局调查结果显示,公众对生态环境的满意度达到89.5%,比2017年提高了10.7个百分点,这充分说明,污染防治攻坚战阶段性成效得到人民群众的充分认可。

世界影响之变：为全球治理
和生态文明建设提出中国方案

习近平生态文明思想和构建人类命运共同体的理念，与联合国所倡导和坚持的包容、公平、可持续以及人与自然和谐相处等目标高度契合，为全球携手应对气候变化、生物多样性丧失、环境污染三大危机指明了方向，提出中国方案，有利于推动全球更加公平、更可持续、更为安全发展，实现人与自然和谐共生。我国已成为全球生态文明建设的重要参与者、贡献者、引领者。

我国积极参与区域和全球环境治理进程和机制。在全球层面，中国是联合国主要环境公约的缔约方，我国认真落实生态环境相关多边公约或议定书，并切实履行这些公约规定的相应义务，为保护全球环境作出积极贡献。以《联合国气候变化框架公约》为例，中国将应对气候变化目标纳入国民经济和社会发展规划，中共中央、国务院印发了《关于完整准确全面贯彻新发展理念做好碳达峰碳中和工作的意见》，国务院印发了《2030 年前碳达峰行动方案》，明晰了落实"双碳"目标的政策框架和路线图。在区域层面，中国积极参与亚太地区环境合作机制和倡议，近年来还在中国—东盟、上海合作组织、大湄公河流域等区域合作框架下推动环境合作或设立合作中心，与周边国家携手解决共同面临的问题。中国将生态文明领域合作作为共建"一带一路"重点内容，发起了系列绿色行动倡议，采取绿色基建、绿色能源、绿色交通、绿色金融等一系列举措，持续造福参与共建"一带一路"的各国人民。截至 2020 年底，中国与 60 多个国家、国际及地区组织签署约 150 项生态环境保护合作文件，已签约或签署加入的与生态环境有关的国际公约、议定书等 50 多项，为绿色发展理念深入人心、全球生态文明之路行稳致远作出中国贡献。

我国倡导的生态文明理念和良好实践正走向世界。我国不仅是联合国全球治理的忠实履约者、奉献者，并且逐渐成为全球生态文明建设的领跑者。2016 年，《绿水青山就是金山银山：中国生态文明战略与行动》报告在第二届联合国环境大会发布，2021 年 10 月，《生物多样性公约》第十五次缔约方大会第一阶段会议在昆明成功举行。对于全球环境治理的核心价值理念来说，习近平总书记关于人类命运共同体、人与自然和谐共生、绿色发展理念等重要论述的理论引领与实践遵循意义日益凸显。在出席联合国生物多样性峰会、气候雄心峰会、领导人气候峰会、《生物多样性公约》第十五次缔约方大会领导人峰会等重要会议时，习近平主席多次就全球环境治理、生态文明建设等阐释中方立场和主张，宣布中国国家自主贡献一系列新举措，不断强化自主贡献目标，向世界传递中国坚定走绿色发展之路的决心、信心和雄心。习近平主席在第七十五届联合国大会一般性辩论上发表重要讲话，指出："中国将提高国家自主贡献力度，采取更加有力的政策和措施，二氧化碳排放力争于 2030 年前达到峰值，努力争取 2060 年前实现碳中和。"这充分彰显了我国应对全球气候变化的领导力和大国担当，有力对冲了逆全球化影响，为重铸全球应对气候变化雄心发挥了大国表率作用。

我国的负责任大国形象不断提升。我国始终站在对人类文明负责的高度，强调人与自然应和谐共生，明确提出以生态文明建设为引领，协调人与自然关系；以绿色转型为驱动，助力全球可持续发展；以人民福祉为中心，促进社会公平正义；以国际法为基础，维护公平合理的国际治理体系，为全球环境治理作出巨大贡献。无论如何，我国在全球生态文明建设上的积极立场，从根本上来说还是源自国内生态文明建设更加扎实地推进并取得切实成效，才能在全球环境治理舞台上扮演一个更加积极主动的角色、作出更大贡献、发挥更大领导作用，为共建清洁美丽的世界提供中国智慧和中国方案。

推动减污降碳协同增效，
促进经济社会发展全面绿色转型[*]

2022 年 6 月，生态环境部等七部委联合印发的《减污降碳协同增效实施方案》（以下简称《实施方案》），明确提出"十四五"时期及到 2030 年减污降碳协同增效工作的主要目标、重点任务和政策举措，为减污降碳订立了具体的任务书和施工图。这是深入贯彻落实习近平生态文明思想的重要举措，落实碳达峰、碳中和重大战略决策的重要行动，促进经济社会发展全面绿色转型的重要抓手，对建设人与自然和谐共生的现代化、实现建设美丽中国和清洁美丽世界的宏伟目标具有重要意义。

充分认识减污降碳协同增效的重大意义

减污降碳协同增效是我国立足新发展阶段大力推进生态文明建

---

* 原文刊登于《中国环境报》2022 年 6 月 29 日第 3 版，作者：俞海。

设的必然要求。从世界范围来看，全球正在经历百年未有之大变局，气候变化关乎全人类生存和发展，保护生态环境、应对气候变化，是人类面临的共同挑战。作为世界上最大的发展中国家，中国愿意主动承担应对气候变化国际责任、同世界各国一道合作应对气候变化，为全球环境治理贡献力量。从国内情况来看，进入新发展阶段，人民群众对美好生活的要求不断提高，而当前我国生态环境保护形势依然严峻，全面绿色转型的基础仍然薄弱。这决定了在当前阶段，我国既要减污，实现生态环境质量根本改善，又要降碳，为实现 2030 年前碳达峰打好坚实基础，二者缺一不可，同时还要协同增效。

减污降碳协同增效是我国贯彻新发展理念统筹推进"五位一体"总体布局的必然选择。党中央把生态文明建设作为统筹推进"五位一体"总体布局和协调推进"四个全面"战略布局的重要内容。这要求我们必须坚定不移贯彻绿色发展理念，生态环境保护必须着重从源头上治理；环境治理的深度要大力延伸，加强对高碳能源结构、高耗能产业结构调整优化；环境治理的领域进一步拓宽，要将治理重点逐步拓展到应对气候变化等更广泛的领域。二氧化碳等温室气体与常规污染物排放具有同根、同源、同过程的特点。推动减污降碳协同增效，不仅可以同时实现"低硫""低氮"和"低碳"，将"浅绿"变"深绿"，而且有利于推动经济结构绿色转型，实现扩绿和增长。

减污降碳协同增效是我国构建新发展格局持续推进美丽中国建设的根本路径。减污降碳协同增效通过倒逼能源结构和产业结构转型升级，降低能源和原材料消耗，生产更多绿色低碳产品和服务，推动绿色产业发展，有利于形成我国经济贸易新的增长极和增长点。并且，通过绿色产业链和绿色价值链优化升级相关的生产、分配、流通、消费体系，有效统筹国际和国内两个低碳产品和服务市场的最佳结合点，构建起绿色低碳的国内国际双循环，对构建新发展格局可起到重要支撑作用，是美丽中国建设的重要路径。《实施方案》将工业、交通、城乡建设、农业等作为重点领域，加强能源绿色低碳转型及生态环境准入管理等源头管控措施，将对结构调整、布局优化、深化供给侧结构性改革等产生积极影响，对构建新发展格局、建设美丽中国发挥重要作用。

深入理解减污降碳协同增效的深刻内涵

2020年中央经济工作会议提出，要继续打好污染防治攻坚战，实现减污降碳协同效应。2021年4月30日，习近平总书记主持中央政治局第二十九次集体学习时强调："要把实现减污降碳协同增效作为促进经济社会发展全面绿色转型的总抓手。"贯彻落实《实施方案》，必须深入理解和把握减污降碳协同增效的深刻内涵。

一是深入理解减污降碳协同增效的三个发展阶段。第一阶段，开始认识到减少碳排放可以同时对常规污染物治理产生协同效益，或者实施污染治理可以同时额外减少碳排放。2001年，联合国政府间气候变化专门委员会（IPCC）第三次评估报告首次明确提出了协同效益/协同效应的概念，即温室气体减排政策的非气候效益。第二阶段，认识到减少碳排放能够同时减少污染物排放，控制污染物排放能够减少温室气体排放，而且都能产生健康效益和降低成本。也就是说，除了环境效益外，还能产生社会和经济效益。第三阶段，通过污染物减排与碳减排，在产生环境、经济、社会等各种协同效益的基础上，开展协同控制和治理。联合国可持续发展目标（SDGs）包括清洁能源、消费和生产、可持续城市和社区、气候行动在内的 17 项目标，将环境成本与气候变化控制目标融合在一起，协同控制成为实现 SDGs 的重要途径。我国 2015 年修订的《中华人民共和国大气污染防治法》提出"对颗粒物、二氧化硫、氮氧化物、挥发性有机物、氨等大气污染物和温室气体实施协同控制"，这是减污降碳协同从理论到实践的重大飞跃。

二是深入理解减污降碳协同增效三个层面的内涵。首先，减污与降碳必须协同。国内外理论和实践都证明减污与降碳具有高度同源性、协同性。《打赢蓝天保卫战三年行动计划》实施过程中，在能源、产业、交通、用地四大结构调整和专项治理行动方面实施了一系列重大举措，根据评估，2018—2020 年，全国二氧化硫（SO_2）、氮氧化物（NOx）、一次 $PM_{2.5}$、挥发性有机物（VOCs）和氨（NH_3）排放量分别约下降 367 万吨、210 万吨、125 万吨、218 万吨和 99 万吨，同时累计减少 CO_2 排放 5.1 亿吨。其次，减污降碳不仅要协同还要增效。IPCC 第四次评估报告指出"综合减少大气污染与减缓气候变化的政策与单独的那些政策相比，可以提供大幅度削减成本的潜力"。推动减污降碳协同增效，这里的增效，不仅是要实现环境效益，而且要产生经济效益和社会效益。因此，要坚持降碳、减污、扩绿、增长协同推进。积极推动"增效"，坚决避免"减效"。第三，减污降碳协同增效成为促进经济社会发展全面绿色转型的总抓手。对于促进绿色转型而言，实现减污降碳协同增效处于总揽全局、牵引各方的地位，必须系统推进、形成合力。《实施方案》明确了责任分工，细化了 26 项任务措施，其中生态环境部牵头 14 项工作，发展改革委、工业和信息化部、住房和城乡建设部等多个部门按职责分工负责相关工作。

三是深入理解减污降碳协同增效要避免三个误区。其一，减污降碳协同增效政策是生态环境保护和温室气体减排真正实现协同增效的有机融合，而不仅仅是在环境政策中提及气候减缓和适应相关措施，或者在气候政策中提及污染防治的简单拼接。其二，减污降碳协同增效中的"碳"既包括二氧化碳，也包括非二氧化碳类温室气体，《实施方案》提出"加强消耗臭氧层物质和氢氟碳化物管理"和"强化非二氧化碳温室气体管控"。其三，减污降碳协同增效是生态环境治理与温室气体减排的全方位协同，而不仅仅是大气污染治理和应对气候变化的协同，应扩展到大气、水、固废、土壤等环境要素以及生态文明建设等范畴的协同治理。

准确把握减污降碳协同增效的主要着力点

实现美丽中国建设和碳达峰、碳中和目标愿景是全社会的共同期待，要在不同领域、不同部门、不同区域、不同层次加强协同工作，推动减污降碳协同增效工作取得积极进展。

一是紧扣重点领域，强化源头防控。加强生态环境分区管控，严格生态环境准入管理，推动能源绿色低碳转型，加快形成有利于减污降碳的产业结构、生产方式和生活方式，实现经济社会的可持续发展。紧盯重点领域，推进工业、交通运输、城乡建设、农业、生态建设五大重点领域协同增效工作，把实施结构调整和绿色升级作为减污降碳的根本途径，强化资源能源节约和高效利用，充分发挥减污降碳协同治理的引领、优化和倒逼作用，推动工作取得成效。

二是坚持系统观念，优化环境治理。持续优化治理目标、治理工艺和技术路线，加强技术研发应用，推进大气污染防治、水环境治理、土壤污染治理、固体废物处置等领域减污降碳协同控制。加大氮氧化物、挥发性有机物以及温室气体协同减排力度，推进移动源大气污染物排放和碳排放协同治理。大力推进污水资源化利用，提高工业用水效率和用能效率。合理规划污染地块土地用途，鼓励绿色低碳修复。强化资源回收和综合利用，加强"无废城市"建设。

三是鼓励先行先试，开展协同创新。开展减污降碳模式创新，探索可推广、可复制的经验和样板。在国家重大战略区域、大气污染防治重点区域、重点海湾、重点城市群，加快探索减污降碳协同增效的有效模式；在国家环境保护模范城市、"无废城市"建设中强化减污降碳协同增效要求，探索不同类型城市减污降碳推进机制；鼓励各类产业园区积极探索推进减污降碳协同增效；推动重点行业企业开展减污降碳示范行动，支持打造"双近零"排放标杆企业。

四是注重统筹融合，完善政策制度。充分利用现有法律、法规、标准、政策体系和统计、监测、监管能力，建立健全一体化推进减污降碳管理制度，形成激励约束并重的政策体系。加强协同技术研发应用。完善减污降碳法规标准，推动将协同控制温室气体排放纳入生态环境保护相关法律法规。加强减污降碳协同管理，研究探索统筹排污许可和碳排放管理，加快全国碳排放权交易市场建设。强化减污降碳经济政策，提升减污降碳基础能力。

五是加大宣传力度，讲好中国故事。全方位宣传减污降碳协同增效工作的重要意义和阶段性成效。加强国际合作，利用好现有的双、多边环境与气候变化合作机制，拓展和深化在减污降碳领域的合作。协同推进全球应对气候变化、生物多样性保护、臭氧层保护、海洋保护、核安全等方面的国际谈判工作。加强减污降碳国际经验交流，为全球气候与环境治理贡献中国智慧、中国方案。

减污降碳协同增效，着力点在哪儿[*]

推进碳达峰碳中和工作，坚持降碳、减污、扩绿、增长协同推进，无疑是重要抓手。其中，减污降碳的协同增效尤为关键。2022年6月，生态环境部、国家发展改革委等七部委联合印发《减污降碳协同增效实施方案》，提出"十四五"时期及到2030年减污降碳协同增效工作的主要目标和重点任务，成为推动减污降碳协同增效的主要着力点。

推动减污降碳协同增效是我国立足新发展阶段、大力推进生态文明建设的必然要求。气候变化是全人类面对的共同挑战，作为世界上最大的发展中国家，中国主动承担应对气候变化国际责任，为全球环境治理作出贡献。而当前我国生态环境保护形势依然严峻，发展不平衡、不充分问题依然突出。面对既要减污又要降碳的双重挑战，我国生态环境保护进入减污降碳协同治理的新阶段，必须统筹考虑全球环境治理的新挑战和国内环境问题治理的新要求。

推动减污降碳协同增效也是我国贯彻新发展理念、统筹推进

　　* 原文刊登于《光明日报》2022年7月2日第9版，作者：俞海。

"五位一体"总体布局的必然选择。坚定不移贯彻绿色发展理念，推动减污降碳协同增效，不仅可以同时实现"低硫""低氮"和"低碳"，将"浅绿"变"深绿"，而且还有利于推动经济结构绿色转型，实现扩绿和增长。把实现减污降碳协同增效作为促进经济社会发展全面绿色转型总抓手的战略安排，是对绿色新发展理念的准确把握和深入实践。

推动减污降碳协同增效是我国构建新发展格局、持续推进美丽中国建设的根本途径。减污降碳协同增效通过倒逼能源结构和产业结构转型升级，生产更多绿色低碳产品和服务，有利于形成我国的经贸新增长点，并且通过绿色产业链和绿色价值链优化升级相关的生产、分配、流通、消费体系，能有效统筹国际和国内两个低碳产品和服务市场，构建起绿色低碳的国内国际双循环，对构建新发展格局起到重要支撑作用。

从发展阶段来看，减污降碳协同增效经过了三个阶段。第一阶段，开始认识到减少碳排放可以同时对常规污染物产生协同效益，实施污染治理可以同时额外减少碳排放。2001 年，联合国政府间气候变化专门委员会（IPCC）首次提出了协同效益/协同效应的概念。第二阶段，认识到减少碳排放和控制污染物排放不仅能够减污降碳，而且还能产生健康效益和降低成本。第三阶段，在污染物减排与碳减排产生环境、经济、社会等各种协同效益的基础上，开展协同控制和治理。我国 2015 年修订的《中华人民共和国大气污染防治法》提出"对颗粒物、二氧化硫、氮氧化物、挥发性有机物、氨等大气污染物和温室气体实施协同控制"，这是减污降碳协同增效从理论到实践的重大飞跃。

深入理解减污降碳协同增效，我们首先要认识到，减污与降碳必须协同。据评估，通过实施《打赢蓝天保卫战三年行动计划》，2018—2020 年，全国二氧化硫、氮氧化合物、一次 $PM_{2.5}$ 排放量分别约下降 367 万吨、210 万吨和 125 万吨，同时累计减少二氧化碳排放5.1 亿吨。其次，减污降碳不仅要协同还要增效。推动减污降碳协同增效，既要环境效益，又要经济效益和社会效益，还要坚持降碳、减污、扩绿、增长协同推进。同时，要避免三个"误区"：减污降碳协同增效政策是生态环境保护与温室气体减排协同增效的有机融合，而不仅仅是在环境政策中提及气候减缓和适应相关措施，或气候政策中提及污染防治的简单"拼接"；减污降碳协同增效中的"碳"既包括二氧化碳，也包括非二氧化碳类温室气体；减污降碳协同增效是生态环境治理与温室气体减排的全方位协同，包括水、固废、土壤等环境要素以及生态建设，而不仅仅是大气污染治理和应对气候变化的协同。

那么，如何进一步做好减污降碳协同增效的实施落地？笔者就此提出以下建议：

一是紧扣重点领域，强化源头防控。应加强生态环境分区管控，严格生态环境准入管理，推动能源绿色低碳转型，加快形成有利于减污降碳的产业结构、生产方式和生活方式。强化工业、交通运输、城乡建设、农业、生态建设等重点领域协同增效工作，把实施结构调整和绿色升级作为根本途径。

二是坚持系统观念，优化环境治理。持续优化治理目标、治理工艺和技术路线，加强技术研发应用，推进大气污染防治、水环境治理、土壤污染治理、固体废物处置等领域减污降碳协同控制。

三是鼓励先行先试，开展协同创新。在区域、城市、园区、企业等不同层面开展减污降碳模式创新，探索可推广、可复制的经验和样板。例如，在国家环境保护模范城市、"无废城市"建设中，强化减污降碳协同增效要求，探索不同类型城市减污降碳推进机制，支持打造"双近零"排放标杆企业。

四是注重统筹融合，完善政策制度。充分利用现有法律、法规、标准、政策体系和统计、监测、监管能力，建立健全一体化推进减污降碳管理制度，研究探索统筹排污许可和碳排放管理，加快全国碳排放权交易市场建设，形成激励约束并重的政策体系。

五是加大宣传力度，讲好中国故事。全方位宣传减污降碳协同增效工作的重要意义和阶段性成效。加强减污降碳国际经验交流，为全球气候与环境治理贡献中国智慧、中国方案。

建设人与自然和谐共生的美丽中国 *

伟大时代催生伟大思想。党的十八大以来，以习近平同志为核心的党中央从中华民族永续发展的高度出发，大力推动生态文明理论创新、实践创新、制度创新，创造性提出一系列新理念新思想新战略，形成了习近平生态文明思想，为新时代我国生态文明建设提供了根本遵循和行动指南。我们要深入学习贯彻习近平生态文明思想，全面加强生态文明建设，继续朝着美丽中国建设的宏伟目标奋勇前进。

我国生态文明建设取得历史性成就

党的十八大以来，在习近平生态文明思想指引下，我国生态文明建设从认识到实践发生了历史性、转折性、全局性变化，在续写世所罕见的经济快速发展奇迹和社会长期稳定奇迹的同时，创造了举世瞩目的生态奇迹和绿色发展奇迹，彰显了这一思想强大的真理伟力

---

* 原文刊登于《浙江日报》2022 年 9 月 5 日第 7 版，作者：俞海。

和实践伟力。

生态文明理念深入人心。在"五位一体"总体布局中，生态文明建设是其中一位；在新时代坚持和发展中国特色社会主义基本方略中，坚持人与自然和谐共生是其中一条；在新发展理念中，绿色是其中一项；在三大攻坚战中，污染防治是其中一战；在到21世纪中叶建成社会主义现代化强国目标中，美丽中国是其中一个。2017年党的十九大修改通过的《中国共产党章程》增加"增强绿水青山就是金山银山的意识"等内容，2018年第十三届全国人民代表大会第一次会议通过的《中华人民共和国宪法修正案》将生态文明写入《中华人民共和国宪法》，实现了党的主张、国家的意志、人民的意愿的高度统一。

绿色低碳发展加快推进。完整、准确、全面贯彻新发展理念，将碳达峰碳中和纳入生态文明建设整体布局和经济社会发展全局，划定生态保护红线、环境质量底线、资源利用上线，推动形成节约资源和保护环境的空间格局、产业结构、生产生活方式。2021年，中国煤炭消费比重降低到56%，清洁能源占比上升到25.5%，光伏、风能装机容量、发电量，新能源汽车产销量均居世界首位。2012至2021年中国能耗强度累计下降26.2%，中国是全球能耗强度降低最快的国家之一。

生态环境质量改善成效显著。坚持精准治污、科学治污、依法治污，持续打好污染防治攻坚战，生态环境明显改善。2021年，全国地级及以上城市细颗粒物（$PM_{2.5}$）平均浓度比2015年下降34.8%，重污染天数减少53.6%；全国地表水Ⅰ～Ⅲ类断面比例上升至84.9%，劣Ⅴ类水体比例下降至1.2%。土壤环境风险得到有效管控。

森林覆盖率达到 23.04%，建成首批 5 个国家公园，自然保护地面积占全国陆域国土面积的 18%。

生态文明制度体系更加健全。建立健全生态文明建设目标评价考核和责任追究制度、生态补偿制度等制度，制定修订环境保护法等 30 多部生态环境领域相关法律和行政法规，持续深化省以下生态环境机构监测监察执法垂直管理、生态环境保护综合行政执法等改革，为生态文明建设保驾护航。开展两轮中央生态环境保护督察，成为推动地方党委和政府及其相关部门落实生态环境保护责任的硬招实招。

全球环境治理贡献日益凸显。坚定践行多边主义，努力推动构建公平合理、合作共赢的全球环境治理体系。积极推动应对气候变化《巴黎协定》的签署、生效和实施，加强中美、中欧气候领域对话。成功举办《生物多样性公约》第十五次缔约方大会（COP15）第一阶段会议，发布《昆明宣言》。推进绿色"一带一路"建设，倡导建立"一带一路"绿色发展国际联盟和绿色"一带一路"生态环保大数据平台，开展南南合作。

深刻理解和把握习近平生态文明思想的核心要义

习近平生态文明思想内涵丰富、博大精深，系统阐释了人与自然、保护与发展、环境与民生、国内与国际等关系，系统回答了为什么建设生态文明、建设什么样的生态文明、怎样建设生态文明等重大理论和实践问题，构成了主题鲜明、体系完整、逻辑严密、内涵丰富的科学思想体系。就其主要方面来讲，集中体现为"十个坚持"。

坚持党对生态文明建设的全面领导，是我国新时代生态文明建设的根本保证，强调中国共产党带领人民建设我们的国家，创造更加幸福美好的生活，秉持的一个理念就是搞好生态文明。坚持生态兴则文明兴，是新时代生态文明建设的历史依据，强调生态环境是人类生存和发展的根基，生态环境变化直接影响文明兴衰演替，要像保护眼睛一样保护生态环境，像对待生命一样对待生态环境。坚持人与自然和谐共生，是新时代生态文明建设的基本原则，强调尊重自然、顺应自然、保护自然，始终站在人与自然和谐共生的高度来谋划经济社会发展。坚持绿水青山就是金山银山，是新时代生态文明建设的核心理念，强调绿水青山既是自然财富、生态财富，又是社会财富、经济财富，努力把绿水青山蕴含的生态产品价值转化为金山银山。坚持良好生态环境是最普惠的民生福祉，是新时代生态文明建设的宗旨要求，强调环境就是民生，青山就是美丽，蓝天也是幸福，必须坚持以人民为中心的发展思想，重点解决损害群众健康的突出环境问题。坚持绿色发展是发展观的深刻革命，是新时代生态文明建设的战略路径，强调绿色发展是生态文明建设的必然要求，是解决污染问题的根本之策，必须促进经济社会发展全面绿色转型。坚持统筹山水林田湖草沙系统治理，是新时代生态文明建设的系统观念，强调生态是统一的自然系统，是相互依存、紧密联系的有机链条，必须从系统工程和全局角度寻求新的治理之道。坚持用最严格制度最严密法治保护生态环境，是新时代生态文明建设的制度保障，强调把制度建设作为推进生态文明建设的重中之重，让制度成为刚性约束和不可触碰的高压线。坚持把建设美丽中国转化为全体人民自觉行动，是新时代生态文明建设的社会力量，强调生态文明是人民群众共同参与共同建设共同享有的事业，每个人都是生态环境的保护者、建设者、受益者。坚持共谋全球生态文明建设之路，是新时代生态文明建设的全球倡议，强调建设绿色家园是人类的共同梦想，必须秉持人类命运共同体理念。

努力建设人与自然和谐共生的美丽中国

伟大思想指引伟大实践。新征程上，我们要坚持以习近平生态文明思想为指引，心怀"国之大者"，当好生态卫士，加强党对生态文明建设的全面领导，统筹污染治理、生态保护和应对气候变化，以生态环境高水平保护推动高质量发展、创造高品质生活，让绿色成为美丽中国最鲜明、最厚重、最牢靠的底色。

全面推动绿色低碳循环发展。完整、准确、全面贯彻新发展理念，认真落实碳达峰碳中和"1+N"政策体系，推动产业结构、能源结构、交通运输结构优化调整，建立健全绿色低碳循环发展经济体系。统筹推进区域绿色协调发展，聚焦长江经济带发展、黄河流域生态保护和高质量发展等重大国家战略实施，打造绿色发展高地。加强生态环境分区管控，推动"三线一单"成果应用。

深入打好污染防治攻坚战。保持力度、延伸深度、拓宽广度，以更高标准打好蓝天、碧水、净土保卫战，集中攻克老百姓身边的突出生态环境问题。系统构建全过程、多层次生态环境风险防范体系，及时妥善应对突发生态环境事件，持续强化核与辐射安全监管。

提升生态系统质量和稳定性。统筹山水林田湖草沙系统治理，保持山水生态的原真性和完整性。加强生态保护修复监管，着力提高生态系统自我修复能力和稳定性，筑牢国家生态安全屏障。严守生态保护红线、永久基本农田、城镇开发边界三条控制线，实施生物多样性保护重大工程。持续推进国家公园建设，不断完善自然保护地体系。

持续推进生态环境治理体系现代化。深化生态文明体制改革，构建现代环境治理体系。加快建立健全系统完整的生态文明制度体系，持续完善生态环境法律法规，健全生态环境经济政策。加强系统监管和全过程监管，提升生态环境监管执法效能。提高生态环境治理体系与治理能力现代化水平，完善资金投入机制，加强科技攻关，强化基础能力建设。

深度参与全球环境治理。始终秉持人与自然生命共同体理念，深度参与全球环境治理，深化生态环境保护国际交流合作，切实履行气候变化、生物多样性等环境相关条约义务，积极参与全球气候谈判议程和国际规则制定。有力推进绿色"一带一路"建设。积极推进习近平生态文明思想国际传播，讲好中国生态文明故事，为全球可持续发展作出中国贡献。

努力擘画新时代生态文明建设崭新篇章*

生态文明建设是关系中华民族永续发展的根本大计。伴随中国经济社会高速发展，资源环境约束趋紧、生态系统退化等问题日益突出，特别是各类环境污染、生态破坏一度呈高发态势，成为国土之伤、民生之痛。进入新时代，以习近平同志为核心的党中央加强对生态文明建设的全面领导，把生态文明建设摆在全局工作的突出位置，作出一系列重大决策和战略部署，推动中国生态文明建设取得历史性成就、发生历史性变革。在全面建设社会主义现代化国家新征程上，必须保持战略定力，加大力度推进生态文明建设、解决生态环境问题，努力建设人与自然和谐共生的美丽中国。

生态文明建设的时代背景与重大意义

（一）中国开展生态文明建设的时代背景

生态文明是人类文明发展的历史趋势。大力推进生态文明建设，

* 原文刊登于《科技导报》2022 年第 19 期，作者：俞海、王鹏、张强、宁晓巍。

既是解决国内突出生态环境问题，建设美丽中国的现实选择，也是直面全球性生态环境危机，积极参与全球环境治理的现实选择。从国际来看，以 1962 年《寂静的春天》敲响工业社会环境危机的警钟为起点，以斯德哥尔摩人类环境会议、里约热内卢环境与发展大会、约翰内斯堡可持续发展世界首脑会议等重要国际会议的举行为标志，全球环境治理体系不断完善，环境保护与可持续发展逐渐从世界边缘事务走向全球舞台中心，成为全球性议题。当前，地球正面临气候变化、生物多样性丧失、环境污染三大全球性危机，给人类健康福祉造成巨大风险。中国推进生态文明建设是全球可持续发展的中国实践和中国表达，是基于对工业文明进行反思、扬弃和升华后的重大战略抉择。从国内来看，习近平总书记深刻洞察到中国生态环境问题仍然十分突出，资源约束趋紧、环境污染严重、生态系统退化的形势依然严峻。2017 年，中国单位国内生产总值能耗仍是世界平均水平 2 倍多，水资源产出率仅为世界平均水平的 62%，万元工业增加值用水量为世界先进水平的 2 倍。全国主要污染物排放总量远高于环境容量，区域性灰霾污染和流域水污染仍呈常态化。主要污染物化学需氧量每年入河量超过 900 万吨，全国 32% 的河流和 11% 的湖泊污染物入河量超出水功能区纳污能力。城市黑臭水体问题十分突出。水土流失和荒漠化面积仍占陆域国土面积的 31% 和 30%，可利用天然草原 90% 存在不同程度退化。在这一背景下，中国推进生态文明建设具有重大的现实意义。

（二）推进生态文明建设的重大意义

新形势下加强生态文明建设是全面建成社会主义现代化强国的

必由之路。中国建设社会主义现代化具有许多重要特征，其中之一就是中国式现代化是人与自然和谐共生的现代化，注重同步推进物质文明建设和生态文明建设。生态文明建设是站在人与自然和谐共生的高度来统筹谋划经济社会发展和生态环境保护，目的是实现生产发展、生活富裕、生态良好的文明发展，推动实现社会主义现代化强国目标。

新形势下加强生态文明建设是增进民生福祉的有效路径。当前，中国生态环境稳中向好的基础还不稳固，从量变到质变的拐点还没有到来，生态环境质量同人民群众对美好生活的期盼相比，同建设美丽中国的目标相比，还有较大差距。生态文明建设着眼于集中攻克老百姓身边的突出生态环境问题，持续改善生态环境质量，不断增强人民群众生态环境获得感、幸福感、安全感，增进民生福祉。

新形势下加强生态文明建设是推动高质量发展的必然要求。生态环境保护和经济发展是辩证统一、相辅相成的，建设生态文明、推动绿色低碳循环发展，不仅可以满足人民日益增长的优美生态环境需要，而且可以推动实现更高质量、更有效率、更加公平、更可持续、更为安全的发展。加强生态文明建设有利于完整、准确、全面贯彻新发展理念，促进经济社会发展全面绿色转型，推动经济社会发展实现质量变革、效率变革、动力变革，对中国经济由高速增长阶段向高质量发展阶段转变有显著促进意义。

新形势下加强生态文明建设是建设清洁美丽世界的应有之义。积极推动全球可持续发展，参与全球环境治理，为全球提供更多公共产品，是中国作为负责任大国始终秉持的理念。中国充分发挥全球生态文明建设的重要参与者、贡献者、引领者作用，坚决摒弃损害甚至破坏生态环境的发展模式，在推动绿色发展中解决生态环境问题，不断贡献中国智慧、中国方案，推动实现更加强劲、绿色、健康的全球发展，共同建设清洁美丽的世界。

新时代生态文明建设的思想旗帜与伟大实践

（一）习近平生态文明思想的形成发展

习近平生态文明思想是新时代生态文明建设的根本遵循和行动指南。这一思想不是凭空产生的，是习近平总书记个人深邃思想、科学认识、生动实践和中国特色社会主义建设事业相辅相成、螺旋上升的结果，经历了从个人的认识实践、创新马克思主义人与自然观、传承中华优秀传统文化、继承中国共产党人的集体智慧结晶、总结全球可持续发展进程，到形成系统的习近平生态文明思想的嬗变过程。

特别是党的十八大以来，习近平总书记站在中华民族永续发展的高度，以马克思主义政治家、思想家、战略家的深邃洞察力、敏锐判断力、理论创造力，大力推动生态文明理论创新、实践创新、制度创新，创造性提出一系列富有中国特色、体现时代精神、引领人类文明发展进步的新理念新思想新战略，形成了习近平生态文明思想。

（二）习近平生态文明思想的核心要义

习近平生态文明思想系统阐释了人与自然、保护与发展、环境与民生、国内与国际等关系，系统回答了为什么建设生态文明、建设什么样的生态文明、怎样建设生态文明等重大理论和实践问题，构成了主题鲜明、体系完整、逻辑严密、内涵丰富的科学思想体系。就其主要方面来讲，集中体现为"十个坚持"。

坚持党对生态文明建设的全面领导。这是新时代生态文明建设的根本保证。生态文明建设是关系中华民族永续发展的根本大计，是关系党的使命宗旨的重大政治问题，党带领人民建设我们的国家，创造更加幸福美好的生活，秉持的一个理念就是搞好生态文明，党的全面领导对生态文明建设具有"把舵定向"的重大作用。

坚持生态兴则文明兴。这是新时代生态文明建设的历史依据。生态环境是人类生存和发展的根基，生态环境变化直接影响文明兴衰演替，要以对人民群众、对子孙后代高度负责的态度和责任，加强生态文明建设，筑牢中华民族永续发展的生态根基。

坚持人与自然和谐共生。这是新时代生态文明建设的基本原则。中国式现代化具有许多重要特征，其中之一就是中国式现代化是人与自然和谐共生的现代化，注重同步推进物质文明建设和生态文明建设。必须尊重自然、顺应自然、保护自然，始终站在人与自然和谐共生的高度来谋划经济社会发展。

坚持绿水青山就是金山银山。这是新时代生态文明建设的核心理念。绿水青山既是自然财富、生态财富，又是社会财富、经济财富。经济发展不能以破坏生态为代价，生态本身就是经济，保护生态就是发展生产力，必须努力把绿水青山蕴含的生态产品价值转化为金山银山。

坚持良好生态环境是最普惠的民生福祉。这是新时代生态文明建设的宗旨要求。环境就是民生，青山就是美丽，蓝天也是幸福，加强生态文明建设成为人民群众追求高品质生活的共识和呼声。必须落实以人民为中心的发展思想，解决好人民群众反映强烈的突出环境问题，提供更多优质生态产品，让人民过上高品质生活。

坚持绿色发展是发展观的深刻革命。这是新时代生态文明建设的战略路径。绿色发展是生态文明建设的必然要求，是解决污染问题的根本之策，是对生产方式、生活方式、思维方式和价值观念的全方位、革命性变革，必须促进经济社会发展全面绿色转型，加快形成绿色发展方式和生活方式。

坚持统筹山水林田湖草沙系统治理。这是新时代生态文明建设的系统观念。生态是统一的自然系统，是相互依存、紧密联系的有机链条，必须从系统工程和全局角度寻求新的治理之道，更加注重综合治理、系统治理、源头治理，加大生态系统保护力度，提升生态系统稳定性和可持续性。

坚持用最严格制度最严密法治保护生态环境。这是新时代生态文明建设的制度保障。中国生态环境保护中存在的突出问题大多同体制不健全、制度不严格、法治不严密、执行不到位、惩处不得力有关，必须把制度建设作为推进生态文明建设的重中之重，让制度成为刚性约束和不可触碰的高压线。

坚持把建设美丽中国转化为全体人民自觉行动。这是新时代生态文明建设的社会力量。生态文明是人民群众共同参与共同建设共同享有的事业。每个人都是生态环境的保护者、建设者、受益者，没有哪个人是旁观者、局外人、批评家，谁也不能只说不做、置身事外，必须把建设美丽中国转化为每一个人的自觉行动。

坚持共谋全球生态文明建设之路。这是新时代生态文明建设的全球倡议。面对生态环境挑战，人类是一荣俱荣、一损俱损的命运共同体，没有哪个国家能独善其身。必须秉持人类命运共同体理念，同舟共济、共同努力，推动实现全球可持续发展，共建清洁美丽世界。

习近平生态文明思想是习近平新时代中国特色社会主义思想的重要组成部分，是马克思主义基本原理同中国生态文明建设实践相结合、同中华优秀传统生态文化相结合的重大成果，是以习近平同志为核心的党中央治国理政实践创新和理论创新在生态文明建设领域的集中体现力，为新时代中国生态文明建设树立了思想旗帜。

（三）习近平生态文明思想指引生态文明建设取得历史性成就

伟大思想指引伟大实践。在习近平生态文明思想的科学指引下，党的十八大以来，全党全国推动绿色发展的自觉性和主动性显著增强，美丽中国建设迈出重大步伐，中国生态文明建设从认识到实践发生了历史性、转折性、全局性变化，在续写世所罕见的经济快速发展奇迹和社会长期稳定奇迹的同时，创造了举世瞩目的生态奇迹和绿色发展奇迹。习近平生态文明思想在指导新时代生态文明建设的伟大实践中充分展现出强大的真理力量。

生态文明理念深入人心。在习近平总书记的亲自擘画、亲自部署、亲自推动下，生态文明建设在党和国家事业发展全局中的地位显著提升。在"五位一体"总体布局中，生态文明建设是其中一位；在新时代坚持和发展中国特色社会主义基本方略中，坚持人与自然和谐共生是其中一条；在新发展理念中，绿色是其中一项；在三大攻坚战中，污染防治是其中一战；在到 21 世纪中叶建成社会主义现代化强国目标中，美丽中国是其中一个。2017 年党的十九大修改通过的《中国共产党章程》增加"增强绿水青山就是金山银山的意识"等内容，2018年第十三届全国人民代表大会第一次会议通过的《中华人民共和国宪法修正案》将生态文明写入《中华人民共和国宪法》，实现了党的主张、国家意志、人民意愿的高度统一。

绿色发展成效不断显现。完整、准确、全面贯彻新发展理念，将碳达峰碳中和纳入生态文明建设整体布局和经济社会发展全局，划定生态保护红线、环境质量底线、资源利用上线，推动形成节约资源和保护环境的空间格局、产业结构、生产生活方式，绿色日益成为经济社会高质量发展的鲜明底色。2021年，中国煤炭消费比重降低到56%，清洁能源占比上升到25.5%，光伏、风能装机容量、发电量，新能源汽车产销量均居世界首位，全球规模最大的碳排放权交易市场正式上线并平稳运行。过去10年，中国以年均3%的能源消费增速支撑了年均超过6%的经济增长，能耗强度累计下降26.4%，相当于少用14亿吨标准煤，少排放29.4亿吨的二氧化碳，是全球能耗强度降低最快的国家之一。截至2020年底，中国单位国内生产总值二氧化碳排放较2005年降低48.4%，超额完成下降40%~45%的目标，中国经济社会发展全面绿色转型迈出坚实步伐。

生态环境质量显著改善。坚持精准治污、科学治污、依法治污，以最坚定的决心和最有力的举措，推动污染防治攻坚战阶段性目标任务圆满完成，人民群众生态环境获得感显著增强。2021年，全国地级及以上城市细颗粒物平均浓度比2015年下降34.8%，重污染天数减少53.6%，成为世界上治理大气污染速度最快的国家；全国地表水Ⅰ~Ⅲ类断面比例上升至84.9%，劣Ⅴ类水体比例下降至1.2%。长江干流全线连续两年达到Ⅱ类水体，黄河干流全线达到Ⅲ类水体。

土壤环境风险得到有效管控，全面禁止"洋垃圾"入境，顺利实现固体废物"零进口"目标。绿水青山的"生态颜值"和人民生活的"幸福指数"同步提升。

生态系统质量和稳定性明显提升。实施山水林田湖草沙一体化保护修复，率先在国际上提出和实施生态保护红线制度，建立健全以国家公园为主体的自然保护地体系。中国森林覆盖率和森林蓄积量连续 30 年保持"双增长"，森林覆盖率达到 23.04%。建成首批国家公园，自然保护地面积占全国陆域国土面积达到 18%。300 多种珍稀濒危野生动植物野外种群得到很好恢复，大熊猫受威胁程度等级由"濒危"降为"易危"、云南亚洲象北上"旅行"，一幅人与自然和谐共生的美景生动展现。

生态文明制度体系更加健全。中国将深化生态文明体制改革作为全面深化改革、坚持和完善中国特色社会主义制度的重要内容，着力构建系统完整的生态文明制度体系。建立健全生态文明建设目标评价考核和责任追究制度、生态补偿制度等制度，制定修订环境保护法等 30 多部生态环境领域相关法律和行政法规，持续深化省以下生态环境机构监测监察执法垂直管理、生态环境保护综合行政执法等改革，生态文明"四梁八柱"性质的制度体系基本形成，为生态文明建设保驾护航。开展中央生态环境保护督察，成为推动地方党委和政府及其相关部门落实生态环境保护责任的硬招实招。

全球环境治理贡献日益凸显。中国坚定践行多边主义，努力推动构建公平合理、合作共赢的全球环境治理体系。积极推动《巴黎协定》的签署、生效和实施，宣布 2030 年前实现二氧化碳排放达到峰值、2060 年前实现碳中和，不再新建境外煤电项目，充分体现了负责任大国的担当。成功举办《生物多样性公约》第十五次缔约方大会（COP15）第一阶段会议，开启全球生物多样性治理新篇章；COP15以"生态文明：共建地球生命共同体"为主题，成为联合国首次以生态文明为主题召开的全球性会议。推进绿色"一带一路"建设，倡导建立"一带一路"绿色发展国际联盟和绿色"一带一路"生态环保大数据平台，开展南南合作，帮助发展中国家提高环境治理能力、增进民生福祉。

新征程上生态文明建设的形势挑战与未来展望

（一）科学把握生态文明建设的新形势

当前，中国进入新发展阶段，开启全面建设社会主义现代化国家新征程。立足新发展阶段、贯彻新发展理念、构建新发展格局，推动高质量发展，创造高品质生活，都对加强生态文明建设提出了新任务新要求。贯彻新发展理念要求生态环境保护工作必须从全局高度、长远眼光思考谋划，推动解决好发展不平衡不充分的问题，支撑服务好高质量发展，增强人民群众获得感、幸福感、安全感。构建新发展格局需要生态环境保护工作既服务于经济循环畅通、市场主体高效运行的大格局，又着力推进生态环境治理体系和治理能力现代化，为新发展格局构建提供支撑、服务和保障。

同时要清醒认识到，中国仍是发展中国家，仍在工业化、城镇化进程中，生态环境保护结构性、根源性、趋势性压力总体上尚未根本缓解；全面绿色转型的基础仍然薄弱，以重化工为主的产业结构、以煤为主的能源结构和以公路货运为主的运输结构没有根本改变，环境污染和生态破坏的严峻形势没有根本改变，生态环境事件多发频发的高风险态势没有根本改变；生态环境质量改善离人民群众对美好生活的期盼、离建设美丽中国的目标仍有较大差距；特别是当前中国距离实现碳达峰目标已不足 10 年，从碳达峰到实现碳中和目标仅有 30 年，与发达国家相比，我们实现碳达峰、碳中和目标愿景，时间更紧、幅度更大、困难更多，任务异常艰巨。面对这些新形势新挑战，需要我们保持战略定力，攻坚克难，久久为功。

（二）奋力建设人与自然和谐共生的美丽中国

"十四五"时期，中国生态文明建设进入了以降碳为重点战略方向、推动减污降碳协同增效、促进经济社会发展全面绿色转型、实现生态环境质量改善由量变到质变的关键时期。展望未来，必须坚持以习近平生态文明思想为指引，心怀"国之大者"，促进生态环境持续改善，以生态环境高水平保护推动高质量发展、创造高品质生活，让绿色成为美丽中国最鲜明、最厚重、最牢靠的底色。

全面推动绿色低碳循环发展。建立健全绿色低碳循环发展经济体系、促进经济社会发展全面绿色转型是解决中国生态环境问题的基础之策。要把实现减污降碳协同增效作为促进经济社会发展全面绿色转型的总抓手，充分发挥生态环境保护的引领、优化和倒逼作用，促进产业结构、能源结构、交通运输结构、用地结构调整。认真落实碳达峰、碳中和"1+N"政策体系，推动能耗"双控"向碳排放总量和强度"双控"转变，大力深化全国碳排放权交易市场建设。

统筹推进区域绿色协调发展，聚焦长江经济带发展、黄河流域生态保护和高质量发展等重大国家战略实施，打造绿色发展高地。加强生态环境分区管控，推动"三线一单"成果应用。

深入打好污染防治攻坚战。中国污染防治攻坚战由坚决打好向深入打好转变，触及的矛盾问题层次更深、领域更广、要求也更高。必须保持力度、延伸深度、拓宽广度，坚持精准治污、科学治污、依法治污，以更高标准打好蓝天、碧水、净土保卫战，集中攻克老百姓身边的突出生态环境问题。系统构建全过程、多层次生态环境风险防范体系，及时妥善应对突发生态环境事件，持续强化核与辐射安全监管。

提升生态系统质量和稳定性。生态环境安全是经济社会持续健康发展的重要保障。必须从生态系统整体性出发，统筹山水林田湖草沙系统治理，保持山水生态的原真性和完整性。加强生态保护修复监管，着力提高生态系统自我修复能力和稳定性，筑牢国家生态安全屏障。严守生态保护红线、永久基本农田、城镇开发边界三条控制线，实施生物多样性保护重大工程。持续推进国家公园建设，不断完善自然保护地体系。

持续推进生态环境治理体系现代化。生态环境治理体系是生态环境保护工作推进的基础支撑。必须深化生态文明体制改革，构建现代环境治理体系。加快建立健全系统完整的生态文明制度体系，持续完善生态环境法律法规，健全生态环境经济政策。加强系统监管和全过程监管，提升生态环境监管执法效能。提高生态环境治理体系与治理能力现代化水平，完善资金投入机制，加强科技攻关，强化基础能力建设。

更加积极参与全球环境治理。国际可持续发展挑战日趋复杂，环境问题政治化趋势不断增强，中国在国际环境治理中的合作、竞争和挑战并存。要积极对外宣传习近平生态文明思想，推广生态文明建设中国理念、中国方案，携手共建地球生命共同体。深化生态环境保护国际交流合作，切实履行气候变化、生物多样性等环境相关条约义务，积极参与全球气候谈判议程和国际规则制定。深入推进绿色"一带一路"建设，不断深化南南合作以及周边国家合作，共同实现联合国 2030 年可持续发展目标。

促进人与自然和谐共生[*]

党的二十大报告深刻阐释了新时代坚持和发展中国特色社会主义的重大理论和实践问题，是全面建设社会主义现代化国家、全面推进中华民族伟大复兴的政治宣言和行动指南。报告对生态文明建设和生态环境保护工作进行了全面总结和系统部署，强调中国式现代化是人与自然和谐共生的现代化。

促进人与自然和谐共生是党的二十大报告关于新时代新征程生态文明建设的全部主题，是中国式现代化的本质要求，也是实现党的中心任务的重要方面。我们要深入学习领悟党的二十大精神，牢固树立和践行绿水青山就是金山银山的理念，站在人与自然和谐共生的高度谋划发展。

---

[*] 原文刊登于《瞭望》2022 年第 48 期，作者：胡军。

深刻领会报告关于新时代十年我国
生态文明建设取得的历史性成就

党的十八大以来，我们党勇于进行理论探索和创新，以全新的视野深化对共产党执政规律、社会主义建设规律、人类社会发展规律的认识，取得重大理论创新成果，创立了习近平新时代中国特色社会主义思想。在这一伟大历史进程中，以习近平同志为核心的党中央，在几代中国共产党人不懈探索的基础上，大力推动生态文明理论创新、实践创新、制度创新，创造性提出一系列富有中国特色、体现时代精神、引领人类文明发展进步的新理念新思想新战略，系统回答了为什么建设生态文明、建设什么样的生态文明、怎样建设生态文明等重大理论和实践问题，赋予生态文明建设理论新的时代内涵，形成了习近平生态文明思想，为新时代生态文明建设提供了根本遵循和行动指南。

伟大思想引领伟大征程。十年来，党中央团结带领全党全军全国各族人民，义无反顾进行具有许多新的历史特点的伟大斗争，生态文明建设是其中一个重要方面。党的二十大全面总结十年来生态文明建设成效："我们坚持绿水青山就是金山银山的理念，坚持山水林田湖草沙一体化保护和系统治理，全方位、全地域、全过程加强生态环境保护，生态文明制度体系更加健全，污染防治攻坚向纵深推进，绿色、循环、低碳发展迈出坚实步伐，生态环境保护发生历史性、转折性、全局性变化，我们的祖国天更蓝、山更绿、水更清。"

这十年，在习近平生态文明思想的科学指引下，我们攻克了生态环境领域许多长期没有解决的难题，办成了许多事关长远的大事要事，创造了举世瞩目的生态奇迹和绿色发展奇迹。我国以年均3%的能源消费增速支撑了年均超过6%的经济增长；全国地级及以上城市细颗粒物（$PM_{2.5}$）年均值由2015年的46微克/立方米降至2021年的30微克/立方米，成为全球大气质量改善速度最快的国家；全国地表水优良断面比例达到84.9%，已接近发达国家水平；土壤污染风险得到有效管控，全面禁止"洋垃圾"入境，实现固体废物"零进口"目标。我们的祖国天更蓝、山更绿、水更清，人民群众生态环境的获得感幸福感安全感持续增强。我国生态环境保护成就得到国际社会广泛认可，成为全球生态文明建设的重要参与者、贡献者、引领者。实践充分证明，有以习近平同志为核心的党中央坚强领导，有习近平生态文明思想科学指引，我们一定能够战胜前进道路上的一切困难挑战，朝着建设人与自然和谐共生的现代化方向阔步前行。

深刻认识报告关于新征程
生态文明建设形势的科学判断

科学判断形势是我们党制定正确路线、方针、政策的基础，也是我国革命、建设和改革成功的宝贵经验。党的二十大报告充分肯定党和国家事业取得举世瞩目成就，但也明确指出工作中还面临不少困难和问题，要求我们清醒看到"生态环境保护任务依然艰巨"。实践表明，生态环境修复和改善，是一个需要付出长期艰苦努力的过程，不可能一蹴而就，必须坚持不懈、奋发有为。

建设生态文明是一场持久战，绝不是轻轻松松、敲锣打鼓就能实现的。当前，我国生态文明建设仍然面临诸多矛盾和挑战，生态环境稳中向好的基础还不稳固，从量变到质变的拐点还没有到来，生态环境质量同人民群众对美好生活的期盼相比，同建设美丽中国的目标相比，同构建新发展格局、推动高质量发展、全面建设社会主义现代化国家的要求相比，都还有较大差距。

一方面，存量还未完全遏制。产业结构调整有一个过程，传统产业所占比重依然较高，战略性新兴产业、高技术产业尚未成长为经济增长的主导力量，能源结构没有得到根本性改变，重点区域、重点行业污染问题没有得到根本解决，实现碳达峰、碳中和任务艰巨，资源环境对发展的压力越来越大。

另一方面，增量又有新的表现。污染防治触及的深层次矛盾问题越来越显现，新污染物治理与传统污染物防治、城市与农村、$PM_{2.5}$ 和臭氧、水环境治理与水生态保护等工作交织，领域更加广泛，问题更加复杂。"减污"的同时要做到协同"降碳""扩绿""增长"，这对我国生态环境保护工作提出了更高要求、带来了更大挑战。我们要深入学习领会党中央关于生态文明建设的最新部署要求，始终保持战略定力，保持"日拱一卒"的韧劲，坚定"滴水穿石"的执着，持之以恒推进生态文明建设。

深刻理解报告关于促进
人与自然和谐共生的科学内涵

党的二十大报告指出，要以中国式现代化全面推进中华民族伟大复兴。中国式现代化，是中国共产党领导的社会主义现代化，既有各国现代化的共同特征，更有基于自己国情的中国特色，其中之一就是中国式现代化是人与自然和谐共生的现代化。

促进人与自然和谐共生，是新征程上生态文明建设面对的新命题，是以习近平同志为核心的党中央对中国特色社会主义生态文明建设认识的新突破，是在更高层次上创造人类文明新形态的必然趋势。准确把握这一精辟论断的科学内涵，对全面建设社会主义现代化国家至关重要。

人与自然的关系是人类社会最基本的关系。人与自然是生命共同体，无止境地向自然索取甚至破坏自然必然会遭到大自然的报复。我国拥有14亿多人口，全面建设社会主义现代化国家，如果走欧美发达国家老路，去大量消耗资源，去污染环境，是难以为继、走不通的。必须始终站在人与自然和谐共生的高度来谋划发展，坚持可持续发展，坚持节约优先、保护优先、自然恢复为主的方针，像保护眼睛一样保护自然和生态环境，坚定不移走生产发展、生活富裕、生态良好的文明发展道路，实现中华民族永续发展。

深刻把握报告关于新时代新征程
生态文明建设的决策部署

建设生态文明、建设美丽中国是我们的一项战略任务。党的二十大报告在充分肯定过去五年和新时代十年我国生态文明建设成就的基础上，再次明确到 2035 年美丽中国目标基本实现，到 21 世纪中叶把我国建成富强民主文明和谐美丽的社会主义现代化强国，并对推动绿色发展、促进人与自然和谐共生作出重大安排部署，为推进美丽中国建设指明了前进方向。我们要认真学习、深刻领会、坚决抓好贯彻落实。

深刻把握报告关于新时代新征程生态文明建设的决策部署，就是要把握一个重大论断"尊重自然、顺应自然、保护自然，是全面建设社会主义现代化国家的内在要求"，一个明确要求"必须牢固树立和践行绿水青山就是金山银山的理念，站在人与自然和谐共生的高度谋划发展"，一个重要目标"推进美丽中国建设"，一个清晰路径"坚持山水林田湖草沙一体化保护和系统治理，统筹产业结构调整、污染治理、生态保护、应对气候变化，协同推进降碳、减污、扩绿、增长，推进生态优先、节约集约、绿色低碳发展"，一个战略部署"加快发展方式绿色转型，深入推进环境污染防治，提升生态系统多样性、稳定性、持续性，积极稳妥推进碳达峰、碳中和"。

新使命呼唤新担当。我们必须深入学习贯彻习近平生态文明思想，完整、准确、全面贯彻新发展理念，推动经济社会发展绿色化、低碳化，加快推动产业结构、能源结构、交通运输结构等调整优化，实施全面节约战略，发展绿色低碳产业，推动形成绿色低碳的生产方式和生活方式。持续改善生态环境质量，坚持精准治污、科学治污、依法治污，保持力度、延伸深度、拓宽广度，以更高标准打好蓝天、碧水、净土保卫战，集中攻克老百姓身边的突出生态环境问题。统筹山水林田湖草沙系统治理，加快实施重要生态系统保护和修复重大工程，实施生物多样性保护重大工程，建立生态产品价值实现机制，完善生态保护补偿制度。把碳达峰碳中和纳入生态文明建设整体布局和经济社会发展全局，认真落实碳达峰碳中和"1+N"政策体系，深入推进能源革命，推动能源清洁低碳高效利用，健全碳排放权市场交易制度，积极参与应对气候变化全球治理。

贯彻习近平生态文明思想，
建设生态优先、绿色发展美丽苏州*

　　人间天堂，最美苏州。苏州地处长三角核心区域，生态禀赋独特，文化底蕴深厚，是著名的江南水乡、东方水城。2013年，习近平总书记参加十二届全国人大一次会议江苏代表团审议时，殷切希望苏州在率先、排头、先行的内涵中，"把生态作为一个标准"，为江苏乃至全国发展作出新贡献。十年来，苏州市委、市政府坚持以习近平生态文明思想为指导，坚决贯彻落实习近平总书记关于江苏特别是苏州生态文明建设的重要指示精神，坚持走生态优先、绿色低碳发展之路，切实把"绿水青山就是金山银山"理念转化为苏州的生动实践，将秀美山水转化为苏州的发展优势，全力建设展现"强富美高"新图景的社会主义现代化强市。

---

　　* 原文刊登于《环境与可持续发展》2022年第5期（《习近平生态文明思想研究与实践》专刊2022年第2期），标题略有修改，作者：习近平生态文明思想研究中心调研组。

坚决把习近平总书记殷殷嘱托
转化为美丽苏州建设的自觉行动

习近平总书记关于江苏和苏州生态文明建设的深切关怀和殷殷嘱托，蕴含着习近平生态文明思想的科学内涵，具有极强的指导性、针对性、操作性，为推动江苏和苏州生态文明建设迈上新台阶提供了战略指引、指明了前进方向。苏州市委、市政府深入学习贯彻习近平生态文明思想，紧密结合苏州实际，不断开创苏州生态文明建设新局面。

"把生态作为一个标准"赋予苏州新的历史使命。习近平总书记指出，绿色生态是最大的财富、最大的优势、最大的品牌。习近平总书记要求"在率先、排头、先行的内涵中，'把生态作为一个标准'"，既是对苏州的期待，也是交给苏州的命题。苏州自然禀赋优良，四周山水环绕、太湖长江相依，生态系统的整体性得天独厚，这是大自然赋予苏州的绿色财富。苏州人口密集、产业密集，人与自然必须高度融合，只有通过不断优化环境、提高生态品质，才能从中得到更多的环境价值、生态价值、绿色经济价值。苏州市委、市政府坚决按照习近平总书记指明的前进方向，清醒认识加强生态文明建设对于苏州的特殊重要性和必要性，像保护眼睛一样保护生态环境，像对待生命一样对待生态环境，"坚持不懈抓下去，让生态环境越来越好，为建设美丽中国作出贡献""为中国特色社会主义道路创造一些经验"。

　　"强富美高"的宏伟蓝图为苏州生态环境保护指明了新的奋进方向。习近平总书记强调，解决好人民群众反映强烈的突出环境问题，既是改善环境民生的迫切需要，也是加强生态文明建设的当务之急。进入新时代，习近平总书记为江苏擘画了"经济强、百姓富、环境美、社会文明程度高"的新宏伟蓝图。"环境美"，就是要不断满足人民日益增长的优美生态环境需要，让人民生活在天更蓝、山更绿、水更清的优美环境之中，让良好生态环境成为人民幸福生活的增长点，成为经济社会持续健康发展的支撑点，成为展现我国良好形象的发力点。良好生态环境是最普惠的民生福祉，让人民群众喝上干净的水、呼吸新鲜的空气、吃上放心的食物、在良好的环境中生产生活，既是全市人民最根本的需求，也是最强烈的期盼。苏州市委、市政府始终把人民群众对良好生态环境的向往放在心上、抓在手上，坚决打好污染防治攻坚战，集中攻坚重污染天气、黑臭水体、噪音扰民等突出问题，持续改善生态环境质量，为高质量发展铺就生态底色。

　　"当表率、做示范、走在前"明确了苏州生态文明建设新的实践要求。习近平总书记指出，生态文明建设是中国特色社会主义事业"五位一体"总体布局的重要组成部分。作为最早印证邓小平同志"小康"构想的希望之城和肩负习近平总书记"勾画现代化目标"嘱托的梦想之城，苏州加强生态文明建设具有更加深刻的时代意义和示范效应。迈上新征程，习近平总书记又赋予江苏"在改革创新、推动高质量发展上争当表率，在服务全国构建新发展格局上争做示范，在率先实现社会主义现代化上走在前列"的光荣使命。中国式现代化，具有各国现代化的共同特征，更有基于自己国情的中国特色，其中之一就是中国式现代化是人与自然和谐共生的现代化。苏州市委、市政府深入学习贯彻党的二十大精神，更加深刻领会中国式现代化的生态内涵，保持生态文明建设战略定力，以高水平保护推动高质量发展、创造高品质生活，加快打造社会主义现代化强市。苏州是全国重要工业城市、最强地级市、江苏人口第一大市，2020年以0.09%的国土面积，创造了全国2%的国内生产总值、2.1%的财政收入和6.9%的进出口总额，多项经济、民生指标位居江苏省第一、全国前列。推动高质量发展同时，苏州坚持巩固江南水乡的山水资源优势，通过完善生态环境保护支撑保障制度体系，在服务和融入新发展格局上展现更大作为，聚力打造践行"绿水青山就是金山银山"理念示范样板。

美丽中国的苏州画卷徐徐铺展

党的十八大以来，苏州市委、市政府深入践行习近平生态文明思想，紧紧围绕争当"强富美高"新江苏建设先行军、排头兵目标，始终坚持生态优先、绿色发展，在经济社会高质量发展的同时，生态环境质量明显改善，污染防治攻坚战取得标志性成果，生态环境治理能力现代化水平持续提高，公众生态环境满意率大幅提升，美丽苏州建设取得积极进展。

高质量绿色发展"样板之城"更加凸显。苏州市委、市政府坚持以实现碳达峰碳中和目标为引领，认真落实降碳、减污、扩绿、增长协同推进战略部署，谋划构建"1+1+6+12"碳达峰碳中和政策体系。优化能源消费结构，煤炭消费占能源消费总量比重降至59%，

"十二五"和"十三五"期间单位国内生产总值能耗下降超过19%和18%，碳排放总量年平均增长率逐步放缓至2%以下。加速产业转型升级，累计整治"散乱污"企业5.35万家，腾出发展空间7.8万余亩，关停及淘汰低效产能企业7344家。高新技术产业、新兴产业产值占规模以上工业总产值的比重分别达到50.9%和55.7%。加强国土空间管控，全市生态空间保护区域占国土空间的37.63%，国家级生态保护红线范围占国土面积比重达到22%。严格落实"三线一单"管理机制，划定三类环境管控单元454个。绿色循环低碳交通快速发展，建成投运全国首个绿色交通网络体系示范项目，轨道交通里程、轨道交通线网密度位列地级市第一。

"人间天堂"的绿色底色更加鲜亮。党的十八大以来，苏州市委、市政府大力改善生态环境质量，全力打造生态环境优美的最佳宜居城市，让"人间天堂"的美誉实至名归。2021年，全市$PM_{2.5}$浓度为28微克/立方米，较2013年下降60%；优良天数比率为85.5%，较2013年上升26个百分点。地表水国考断面水质Ⅰ～Ⅲ类比例为86.7%，太湖连续14年实现安全度夏。土壤环境质量、声环境质量保持稳定，生态环境状况指数为64.5，处于良好级别，植被覆盖度较高，生物多样性较丰富。苏州在全省"263"专项行动和打好污染防治攻坚战考核中实现"四连冠"，人民群众对生态环境满意度达92%，蓝天白云持续"刷屏"，清水绿岸成为常态，生态环境"颜值"普遍提升。

"诗情画意"的江南水乡印象更加真切。"天堂"之美，在于太湖之美。太湖是苏州的"母亲湖"，苏州大力加强太湖生态治理，每年排定太湖治理项目，狠抓水污染物排放提标改造，拆除4.5万亩太湖围网养殖，实现太湖围网养殖"清零"，完成太湖周边 7.78 万亩养殖池塘标准化改造。坚持把修复长江生态环境摆在压倒性位置，构建综合治理新体系，严格落实"十年禁渔"，开展入江排污口、入江支流整治，长江干流水质稳定达到Ⅱ类，主要通江河道水质均达到Ⅲ类以上。创新湿地保护模式，建成湿地公园 21 个，划定湿地保护小区 87 个，昆山天福国家湿地公园鸟类栖息地修复项目获"全球生物多样性100+案例"。苏州荣获全国首批地级国家生态市、国家生态园林城市、国家生态文明建设示范市、美丽山水城市称号，建成国家生态文明建设示范市县（区）4 个、国家级生态工业示范园区 6 个。

现代环境治理的苏州模式更加完善。积极探索地方生态文明制度建设，2014 年 10 月正式出台《苏州市生态补偿条例》，成为全国首个生态补偿地方性法规，累计下拨生态补偿资金 101.7 亿元。先后颁布实施湿地保护条例、太湖生态岛条例等多部地方性法规，制定扬尘污染防治管理办法等多项规章制度，形成较为全面的地方生态环保法规体系，推动生态文明建设步入法治化、规范化轨道。严格执法监管尺度，完善司法联动工作机制，市生态环境综合行政执法局四次获评全国环境执法大练兵表现突出集体。生态环境治理能力不断提升，建成涵盖环境各要素的例行环境监测骨干网络和辐射环境监测网络及平台。

古典园林城市生态文化的时代价值更加彰显。始终把美丽苏州建设作为全体苏州人民的共同事业，构建以生态价值观念为准则的生态文化体系。全市建成 39 个省级环境教育基地、2 个省级生态文化示范点，林草科普基地数量全国地级市领先。全市节约型机关创建数量比例达到 90%，建成省级绿色建筑示范城区 14 个、省级绿色学校 406 所，市区绿色出行比例达到 69.6%，市、区、镇、村四级美丽庭院数量超 3 万个，社区垃圾分类投放准确率达到 95% 以上。加强生态文明教育，出版生态文明幼儿园、小学、初中系列读本，在全国率先成立湿地自然学校。2012 年，苏州成为住房和城乡建设部批准的全国唯一历史文化名城保护示范区；2018 年，"天堂苏州·园林之城"保护管理工程，被联合国人居署亚太办事处授予"亚洲都市景观奖"；2019 年，"百园之城"可园修复项目获得联合国教科文组织亚太地区文化遗产保护奖。

努力建设人与自然和谐共生的美丽苏州

2022 年是党的二十大召开之年，是进入全面建设社会主义现代化国家、向第二个百年奋斗目标进军新征程的重要一年，也是苏州推进生态环境质量提升、深入打好污染防治攻坚战、迈上生态文明建设新征程的关键之年。苏州将坚持以习近平生态文明思想为指引，完整准确全面贯彻新发展理念，走好生态优先、绿色低碳循环发展之路，努力建设人与自然和谐共生的美丽苏州。

坚定不移贯彻落实习近平生态文明思想。坚持用习近平生态文明思想武装头脑、指导实践、推动工作，做到学深悟透、知行合一，切实把习近平总书记关于苏州的殷殷嘱托，转化为推动生态文明建设、美丽苏州建设的生动实践。特别是抓好"四件大事"：加强太湖生态保护，以"减磷控氮"为重点，全面开展控源截污和应急防控，打造"太湖美"城市名片；加强长江大保护，加大长江岸线保护和修复力度，让"黄金水道"真正发挥"黄金效益"，"生态走廊"真正成为"生态福利"；加强长三角生态绿色一体化发展示范区建设，持续改善水环境，协同做优长三角生态"绿心"；加强大运河文化带建设，融合大运河文化遗产保护与生态环境保护，打造大运河最精彩一段。

坚定不移推进绿色高质量发展。坚持将经济社会发展建立在资源高效利用和绿色低碳循环发展基础之上，统筹谋划，调整优化产业结构、能源结构、交通运输结构、用地结构，加速推动战略性新兴产业、高新技术产业、现代服务业发展，建立健全绿色低碳循环发展经济体系。加强绿色发展模式和理念创新，在绿色发展理念的指引下，更好地发挥苏州的制度优势、资源条件、技术潜力、市场活力，形成节约资源和保护环境的产业结构、生产方式、生活方式、空间格局。推动数字经济带动产业优化升级，紧紧抓住数字技术变革机遇，大力发展数字经济，在日趋激烈的国际竞争中抢占制高点，掌握发展主动权。

坚定不移满足人民群众对优美生态环境需要。深入打好污染防治攻坚战，持续改善生态环境质量，为人民群众提供更加优质的生态产品。深入打好碧水保卫战，严格保护饮用水水源地，建立健全长效管护机制，加大工业污染治理力度，提升城乡污水处理综合能力。深入打好蓝天保卫战，推进煤炭清洁利用，严控煤炭消费增量，加强工业废气污染治理，深化园区和产业集聚区 VOCs 整治，加强机动车尾气污染防治，推行高效清洁的施工与道路扬尘管控。深入打好净土保卫战，实施农用地分类防控，强化建设用地风险管控和治理修复，加强地下水污染防治，加快推进"无废城市"建设，确保危险废物安全处置。

坚定不移筑牢绿色生态屏障。进一步加大生态保护修复力度，以重点河湖、生态廊道为主线，恢复自然生态。加强生态空间管控区保护，构建绿色生态保护屏障。实施生态环境分区管控，加快形成森林、湖泊、湿地等多种形态有机融合的自然保护地体系。构建生态网络体系，统筹山水林田湖草沙系统治理和空间协调保护，提升生态系统质量和稳定性。有效保护和提升生物多样性，开展生物多样性调查与监测，加强外来有害生物入侵防治。

坚定不移探索现代环境治理新路径。进一步完善生态文明领域统筹协调机制，严格落实"党政同责、一岗双责"，完善上下联动、分级负责、条块结合、齐抓共管的责任体系。实行最严格的生态环境保护制度，完善促进绿色发展激励政策，发展绿色金融。健全生态环境监管体系，推行排污许可"一证式"管理。提升生态环境监管能力，健全环境监测网络。提升生态环境执法信息化监管能力，实现执法全过程信息化管理。完善全社会共建共治机制建设，健全多元主体参与生态文明建设的格局。加快构建以生态价值观念为准则的生态文化体系，创新生态文明理念传播路径，形成人人、事事、时时崇尚生态文明的社会氛围。

努力建设社会主义生态文明，
奋力谱写美丽中国深圳篇章[*]

从一个默默无闻的边陲小镇到拥有 2000 万人口的现代化国际化创新型城市，深圳是改革开放后党和人民一手缔造的崭新城市，是中国特色社会主义在一张白纸上的精彩演绎。在 40 多年波澜壮阔的改革开放进程中，生态文明建设的探索实践是"深圳奇迹"浓墨重彩的一笔。特别是党的十八大以来，在习近平生态文明思想引领下，深圳努力走出一条有时代特征、中国特色、深圳特点的可持续发展新路，是一座充满魅力、活力、动力和创新力的绿色之城、生态之城，为建设人与自然和谐共生的美丽中国提供了城市典范。

新时代深圳生态文明建设交出优异答卷

党的十八大以来，习近平总书记多次赴深圳考察并发表重要讲

———————————

* 原文刊登于《环境与可持续发展》2022 年第 6 期（《习近平生态文明思想研究与实践》专刊 2022 年第 3 期），作者：习近平生态文明思想研究中心调研组。

149

话，亲自谋划、亲自部署、亲自推动粤港澳大湾区、中国特色社会主义先行示范区、综合改革试点等重大战略。深圳始终牢记习近平总书记的殷殷重托和殷切期望，深入践行习近平生态文明思想，牢固树立"绿水青山就是金山银山"的理念，始终坚持生态优先的发展导向，推动习近平生态文明思想在鹏城大地落地生根、结出丰硕成果。

"蓝天绿地碧水"的城市名片越发靓丽。深圳充分认识到环境污染问题是制约可持续发展的最大瓶颈，是市民群众反映较为集中的突出问题，是建设中国特色社会主义先行示范区的明显短板。深圳全市上下迎难而上，把环境治理作为市委、市政府反复调研、反复研究、反复强调的"一号民生工程"和"一把手工程"，以超常规举措坚决打赢污染防治攻坚战，推动生态环境质量实现历史性突破。深圳以中央生态环境保护督察反馈问题整改为契机，用4年时间补齐水污染治理40多年来的历史欠账，在全国率先实现全市域消除黑臭水体，水环境实现历史性、根本性、整体性转好，茅洲河、深圳河水质达到近30年来最好水平。"深圳蓝"名片持续擦亮，2021年空气质量优良率达96.2%，$PM_{2.5}$年均浓度下降到18微克/立方米，为有监测数据以来新低，连续三年低于世界卫生组织第二阶段标准限值，保持全国领先。建成"国家森林城市"和"千座公园之城"，公园面积已占深圳总面积五分之一，公园绿地500米服务半径覆盖率超90%。获批国家可持续发展议程创新示范区，在全国率先实现国家生态文明建设示范区全市域创建，是全国第一个获评"国家生态文明建设示范市"的副省级城市，在《生物多样性公约》第十五次缔约方大会（COP15）获评"生物多样性魅力城市"称号，并成为"自然城市行动平台"。如今，市民群众推窗见绿、四季见花，畅享"绿色福利"，常态化的碧水蓝天绿地成为城市靓丽名片。

高质量发展的绿色底色成色愈加鲜明。深圳充分认识到坚持绿色发展是发展观的深刻革命，是生态文明建设的战略路径，是解决污染问题的根本之策，保护生态环境和发展经济从根本上讲是有机统一、相辅相成的。深圳始终坚持把绿色低碳理念融入城市发展各领域、全过程，持续推动产业结构、能源结构、交通运输结构和用地结构调整，努力促进经济社会全面绿色转型，跑出经济社会与生态环境协调发展的优美曲线。自 2000 年以来，深圳先后 9 次修订产业结构调整优化和产业导向目录，从科技水平、经济、环保、能耗等方面提高企业进入门槛，主动淘汰转型高污染、高能耗、低附加值企业。"十三五"以来，累计淘汰低端落后企业 8119 家，为高端项目落户腾出空间，实现"腾笼换鸟"。新兴产业形成"雁阵式"创新梯队，2021 年战略性新兴产业增加值占国内生产总值比重近 40%，先进制造业增加值占规模以上工业增加值比重为 68.8%，现代服务业占服务业比重达 76.2%，全社会研发投入占国内生产总值比重达 5.49%，位居全国前列。2021 年绿色低碳产业增加值 1386.78 亿元，先进核电、新能源汽车、生物质发电、智能电网等产业居全国领先水平。新能源发电装机规模占全市总装机容量的 77%，远高于全国平均水平。累计推广新能源汽车 66.6 万辆，全国率先实现公交车、巡游出租车、网约车 100% 纯电动化，成为全球纯电动物流车最多的城市，绿色建筑总面积达 1.47 亿平方米，装配式建筑建设规模和占比稳居全国前列。万元国内生产总值能耗、水耗、二氧化碳排放强度分别降至全国平均水平的 1/3、1/8 和 1/5，单位国内生产总值二氧化硫、氮氧化物排放量处于全国大中城市最低水平。

　　生态文明建设的制度法治保障愈加牢固。深圳充分认识到建设生态文明，重在建章立制，用最严格的制度、最严密的法治保护生态环境。深圳始终着力构筑生态文明建设大格局，不断深化生态文明体制机制改革创新，扎实推进生态环境治理体系和治理能力现代化，为推动生态环境根本好转、建设美丽深圳提供有力保障。深圳较早地进行了生态文明建设统筹协调机制探索，制订修订《深圳市生态环境保护工作责任清单》，建立起齐抓共管的"大生态、大环保"格局。早在2007年即实施党政领导班子和领导干部环保实绩考核制度，2013年在全国率先开展生态文明建设考核。自2014年起每年提出生态文明改革项目，截至2021年已累计推出90项改革举措。2020年10月，党中央赋予深圳实施综合改革试点历史使命，深圳牢牢抓住重大机遇，牢牢把握改革正确方向，以更大魄力、在更高起点上把生态环境领域改革作为综合改革试点六大领域之一，积极推进气候投融资、海洋生态环境保护等12项生态环境领域改革事项。截至2021年底，生态环境领域各项综合改革试点任务进展顺利，部分已经取得实质性进展。2021年深圳出台生态环境保护全链条立法《深圳经济特区生态环境保护条例》，为生态环境领域重大改革提供法律依据。充分发挥粤港澳大湾区核心引擎作用，强化区域协同，推进粤港澳大湾区一体化，环境治理体系现代化水平有效提升。

深圳生态文明建设实践积累的经验启示

　　历史积累经验，历史启迪未来。习近平总书记在出席深圳经济特区建立 40 周年庆祝大会时指出，深圳等经济特区 40 年改革开放实践，创造了伟大奇迹，积累了宝贵经验，深化了我们对中国特色社会主义经济特区建设规律的认识。沿着习近平总书记指引的前进方向，深圳在生态文明建设实践中也形成了必须长期坚持的经验启示，为推动美丽中国建设贡献了"深圳模式"。

必须坚持和加强党的全面领导，坚定贯彻习近平生态文明思想成为行动自觉。习近平总书记指出，中国共产党带领人民建设我们的国家，创造更加幸福美好的生活，秉持的一个理念就是搞好生态文明。深圳用实践证明，在生态文明建设上，取得一切成就的根本在于以习近平同志为核心的党中央的坚强领导，在于习近平生态文明思想的科学指引。由市委、市政府主要领导挂帅，高位统筹推进深圳生态文明建设，党政"一把手"更是以上率下，带头研究解决重点难点生态环境问题。2018 年以来，市委常委会会议、市政府常务会议及专题会议 300 余次研究部署生态环境保护工作。深圳通过坚持和加强党对生态文明建设的全面领导，有效破解了思想不统一、行动不一致、责任不明晰的问题，有力推动生态文明建设的谋划部署迅速落到法律、政策上，执行到具体行动中。深圳坚持将学习贯彻习近平生态文明思想作为增强"四个意识"、坚定"四个自信"、做到"两个维护"的政治要求和具体行动，与学习贯彻习近平总书记对广东省及深圳市系列重要讲话和重要指示批示精神结合起来，持续开展"大学习、深调研、真落实"，以习近平生态文明思想的真理伟力和实践伟力引领深圳生态文明建设取得一系列标志性成果。

必须践行绿水青山就是金山银山的理念，实现经济社会和生态环境全面协调可持续发展。习近平总书记指出，杀鸡取卵、竭泽而渔的发展方式走到了尽头，顺应自然、保护生态的绿色发展昭示着未来。深圳经济特区建立 40 多年来，在创造世界工业化、城市化和现代化发展历史奇迹的同时，不可避免地遇到发展瓶颈和难题：土地空间和能源资源愈显紧张，人口承载力已近极限，生态环境刚性约束日益增强，传统发展模式难以为继。面对发展与保护的碰撞和抉择，深圳清醒认识到生态资源是深圳长远发展的基础资源，生态环境是深圳提升城市竞争力的关键要素，较早地提出以促进绿色低碳推动经济发展方式转型，践行绿水青山就是金山银山理念，推动生态环境高水平保护和经济高质量发展协同共进。如今的深圳，既是我国经济最具活力的城市，也是全国绿色发展水平较高的城市之一。深圳探索出的环境与经济共赢的可持续发展之路，充分证明生态环境保护与经济发展不是割裂的，更不是对立的，而是辩证统一的关系；生态本身就是经济，保护生态环境就是保护生产力，改善生态环境就是发展生产力。

必须坚持久久为功，保持一张蓝图绘到底的生态文明建设战略定力。习近平总书记指出，生态文明建设是一项长期的战略任务，也是一个复杂的系统工程，不可能一蹴而就，必须坚持不懈、奋发有为。作为较早承受环境压力的城市，深圳开展了一系列生态文明建设先行探索与实践。自 2007 年深圳正式将"生态立市"上升为城市发展战略后，"生态"始终是发展的"关键词"和"硬约束"，并伴随着深圳经济社会发展持续深化。特别是党的十八大以来，深圳市委、市政府坚定不移落实党中央决策部署，提出"建设美丽深圳"，将"在生态文明建设上先行示范"作为城市发展战略路径，并落实深圳先行示范区建设要求，打造"可持续发展先锋"，确立"率先打造人与自然和谐共生的美丽中国典范"的发展目标。由"生态立市"到"美丽中国典范",深圳以"生态优先、环境第一"为基本原则的生态文明建设战略部署一脉相承、一以贯之。通过一代接着一代干的接续奋斗,深圳把生态文明建设融入城市现代化建设全过程,为开拓人与自然和谐共生的可持续发展之路提供不竭动力。

必须发扬敢闯敢试、敢为人先、埋头苦干的特区精神,大力推动生态文明建设制度改革与创新。习近平总书记指出,必须把制度建设作为推进生态文明建设的重中之重,让制度成为刚性的约束和不可触碰的高压线。依靠特区立法优势,近年来深圳先后出台 20 余部生态环保类法规和 70 余部地方标准、技术规范,创新查封扣押、按日计罚、饮用水源保护区、排污许可等制度,并被国家相关立法吸收,形成具有深圳特色,体系完备、制度严密的生态环境法规体系。紧抓综合授权改革试点机遇,先行一步划定生态控制线、开展环评制度改革、启动碳市场试点、出台全国首部绿色金融法规《深圳经济特区绿色金融条例》等,在生态文明体制机制改革上做到"先行示范"。正是经济特区独有的精神特质,引领深圳不断解放思想、实事求是,大胆地试、勇敢地改,在生态文明建设领域先行探路,让青山绿水蓝天得以最大化刚性守护,让深圳能够在生态文明体制改革上走在全国前列,为美丽中国建设提供宝贵制度经验。

打造人与自然和谐共生的美丽中国典范

一个时代有一个时代的使命。党的二十大对推动绿色发展,促进入与自然和谐共生作出重大战略部署，也为深圳生态文明建设赋予了新的时代使命。特别是习近平总书记在《湿地公约》第十四届缔约方大会开幕式上宣布在深圳建立"国际红树林中心"，对深圳走可持续发展之路，打造人与自然和谐共生的美丽中国典范寄予了更大期待、提出了更高要求。深圳将更加深入学习贯彻习近平生态文明思想，牢牢抓住深圳经济特区、粤港澳大湾区、深圳先行示范区叠加驱动的黄金发展期，勠力探索、先行先试，在更高起点、更高层次、更高目标上推进生态文明建设，奋力谱写新时代美丽中国深圳新篇章。

以更大担当加强党对生态文明建设的全面领导。在新时代新征程上推进生态文明建设是一场大仗、硬仗、苦仗，必须加强党的领导。深圳将坚持党的领导这一最大制度优势，深刻领会习近平总书记关于深圳重要讲话精神，牢记"国之大者"，把"两个确立"转化为做到"两个维护"的政治自觉、理论自觉和行动自觉，更加坚定落实生态环境保护"党政同责、一岗双责"，确保党中央关于生态文明建设和生态环境保护的决策部署落地见效，把生态环境问题解决好。

以更强力度推动经济社会发展全面绿色转型。推动经济社会发展绿色化、低碳化是实现高质量发展的关键环节。深圳将完整准确全面贯彻新发展理念，着眼于解决高质量发展中遇到的实际问题，协同推进降碳、减污、扩绿、增长，加快形成节约资源和保护环境的产业结构、生产方式、生活方式、空间格局，以先行示范标准把碳达峰碳中和纳入生态文明建设整体布局和经济社会发展全局，健全绿色低碳循环发展的经济体系，构建市场导向的绿色技术创新体系，完善绿色金融政策体系，健全生态产品价值实现机制，持续提升绿色低碳治理能力。进一步强化区域协同，助推打造粤港澳大湾区绿色发展高地。

以更高标准持续改善生态环境质量。良好生态环境是最公平的公共产品和最普惠的民生福祉。深圳将坚持以人民为中心的发展思想，坚持精准治污、科学治污、依法治污，以更高标准打好蓝天、碧水、净土保卫战，推动大气环境质量持续提升，迈向国际一流，推动水环境从"全面消劣"向"全面达优"迈进，持续深化"无废城市"建设，到 2025 年，$PM_{2.5}$ 浓度控制在 15 微克/立方米以下，空气质量优良率达到 97.5%以上，臭氧浓度进入下降通道；地表水国考、省考断面水质优良率达到 95.2%，优良水体河长占比力争达到 80%；重点建设用地安全利用得到有效保障。推进山水林田湖草沙一体化保护和系统治理，着力提升生态系统多样性、稳定性、持续性，建设国际红树林中心，努力提供更多优质生态产品以满足人民日益增长的美好生活需要，让人民群众的获得感成色更足、幸福感更可持续、安全感更有保障。

以更多手段建立健全现代环境治理体系。现代环境治理体系是推进生态环境保护的基础支撑。深圳将继续发扬特区精神，敢于啃硬骨头，敢于涉险滩，从人民群众普遍关注、反映强烈、反复出现的问题出发，拿出更多改革创新举措，推进生态文明领域改革先行先试，开展生态文明制度创新实践，用好用足特区立法权，完善生态环境法律法规，健全生态环境经济政策，提升生态环境监管执法效能。倡导简约适度、绿色低碳的生活方式和消费方式，构建生态环境治理全民行动体系，形成全社会共同参与美丽深圳建设的良好风尚。

加快发展方式绿色转型，
建设人与自然和谐共生的现代化[*]

党的二十大报告提出要加快发展方式绿色转型，清晰擘画了推动经济社会发展绿色化、低碳化的战略部署。我们要深思细悟这一战略部署的重大意义、深刻内涵和实践要求，着力推动绿色发展，努力建设人与自然和谐共生的现代化。

深刻领会加快发展方式绿色转型的重大意义

绿色发展是发展观的深刻革命。加快发展方式绿色转型，不仅可以满足人民日益增长的优美生态环境需要，而且可以推动实现更高质量、更有效率、更加公平、更可持续、更为安全的发展，促进经济社会发展和生态环境保护协同共进，推进建设人与自然和谐共生的现代化。

---

* 原文刊登于《中国经济时报》2022 年 12 月 5 日第 3 版，作者：俞海。

加快发展方式绿色转型是实现高质量发展的应有之义。党的二十大报告明确提出，从现在起，我们党的中心任务就是团结带领全国各族人民全面建成社会主义现代化强国、实现第二个百年奋斗目标，以中国式现代化全面推进中华民族伟大复兴。同时，高质量发展是全面建设社会主义现代化国家的首要任务；推动经济社会发展绿色化、低碳化是实现高质量发展的关键环节。高质量发展是绿色发展成为普遍形态的发展。我国作为有14亿多人口的大国，资源能源约束紧、环境容量有限、生态系统脆弱是基本国情，要整体迈入现代化，高耗能、高污染、高排放的模式是行不通的。当前，我国产业结构偏"重"、能源结构偏"煤"、能耗强度偏"高"，能源资源需求在今后一段时期仍会保持刚性增长，产业和能源结构向绿色低碳转型压力较大，碳达峰碳中和时间窗口偏紧。推动以绿色化、低碳化为内在要求的发展方式转型，就是要改变传统的"大量生产、大量消耗、大量排放"的生产模式和消费模式，推动经济社会发展建立在资源高效利用和绿色低碳循环发展的基础之上，从而形成资源高效、排放较少、环境清洁、生态安全的高质量发展格局。

加快发展方式绿色转型是全面建设人与自然和谐共生的现代化的重要举措。人与自然和谐共生是中国式现代化的中国特色和本质要求之一。回顾历史，几百年来人类社会工业化进程创造了前所未有的物质财富，也带来了触目惊心的生态破坏，产生了难以弥补的生态创伤。习近平总书记指出："杀鸡取卵、竭泽而渔的发展方式走到了尽头，顺应自然、保护生态的绿色发展昭示着未来。"中国式现代化坚持推动绿色发展，促进人与自然和谐共生。加快发展方式绿色转型，就是要牢牢把握绿色低碳发展这一国际潮流所向、大势所趋，重构过往以要素低成本优势为特征的传统生产函数，塑造以绿色产业孕育新技术、催生新业态、创造新供给、形成新需求的新的生产函数，让低碳经济、绿色经济、美丽经济成为我国经济发展新的增长点，为中国式现代化提供强大绿色发展动能。

加快发展方式绿色转型是建设美丽中国、满足人民日益增长的优美生态环境需要的必然选择。美丽中国是全面建设社会主义现代化国家的重要组成部分和战略目标。建设美丽中国就是提供良好的生态环境，为人民群众谋取更多生态环境福祉，为中华民族永续发展谋取根本保证。当前，我国社会主要矛盾是人民日益增长的美好生活需要和不平衡不充分的发展之间的矛盾，人民群众对优美生态环境的需要已经成为这一矛盾的重要方面，从"盼温饱"到"盼环保"，从"求生存"到"求生态"，人民群众对清新空气、清澈水质、清洁环境等生态产品的需求越来越迫切，对生态环境质量改善的要求越来越高。目前，我国生态环境保护任务依然艰巨，推动实现生态环境质量改善由量变到质变的拐点尚未到来。促进经济社会发展全面绿色转型是解决我国生态环境问题的基础之策。加快发展方式绿色转型，就是要既提升经济发展水平，又降低污染排放负荷，从源头上使污染物排放大幅降下来，同时通过倡导绿色消费，推动形成绿色低碳的生产方式和生活方式，为人民提供更多优质生态产品，不断提升人民群众生态环境获得感、幸福感、安全感。

充分认识新时代我国发展方式绿色转型的变革性实践

党的二十大报告指出，新时代的十年，绿色、循环、低碳发展迈出坚实步伐。党的十八大以来，我国坚持推动经济社会发展全面绿色转型，把碳达峰碳中和纳入生态文明建设整体布局和经济社会发展全局，使绿色越发成为美丽中国更加坚实、更加厚重、更加亮丽的底色。

产业结构绿色化低碳化进展明显。积极推动产业结构调整，培育壮大新兴产业、改造提升传统产业、淘汰落后产能，全面整治"散乱污"企业及集群。截至 2021 年底，规模以上工业中，高技术制造业增加值比上年增长 18.2%，占规模以上工业增加值的比重为 15.1%，节能环保产业产值超 8 万亿元，年增速 10% 以上。

能源结构清洁化低碳化成效显著。立足以煤为主的基本国情，持续推进煤炭等化石能源清洁高效集中利用，大力发展非化石能源。新时代的十年，我国以年均 3% 的能源消费增速支撑了年均超过 6% 的经济增长，能耗强度累计下降 26.4%，是全球能耗强度降低最快的国家之一。水电、风电、太阳能发电、生物质发电装机稳居世界第一，是全球可再生能源利用规模最大的国家。

减污降碳协同增效逐步凸显。以减污降碳协同增效为抓手，推动生态环境质量持续改善。截至 2021 年底，我国优良天数比率达 87.5%，是世界上空气质量改善最快的国家；地表水Ⅰ～Ⅲ类优良断面比例达 84.9%，已经接近发达国家水平；土壤污染风险得到有效管控，全面禁止"洋垃圾"入境，实现了固体废物"零进口"。

绿色低碳生活方式风尚蔚然。"美丽中国，我是行动者"活动在中国大地上如火如荼展开。广泛组织节约型机关、绿色家庭、绿色学校、绿色社区创建活动。从"光盘行动"、反对餐饮浪费、节水节纸、节电节能，到环保装修、拒绝过度包装、告别一次性用品，"绿色低碳节俭风"吹进千家万户，简约适度、绿色低碳、文明健康的生活方式成为社会新风尚。

着力把握加快发展方式绿色转型的方法路径

在充分认识我国取得绿色发展奇迹的同时，必须深刻领会新时代新征程加快发展方式绿色转型的新部署新任务新要求，充分发挥生态环境保护引领、优化和倒逼作用，以生态环境高水平保护推动经济高质量发展、创造高品质生活，重点要把握好其中的方法路径。

牢固树立一个核心理念。加快发展方式绿色转型，首要是坚持绿水青山就是金山银山理念，正确处理经济发展和生态环境保护的关系，使得经济发展不再简单以国内生产总值增长率论英雄，而是按照统筹人与自然和谐发展的要求，从"有没有"转向发展"好不好"、质量"高不高"，追求绿色发展繁荣。要科学把握绿水青山和金山银山的辩证统一关系，积极探索推广绿水青山转化为金山银山的路径，实现发展和保护协同共生。

紧紧把握一个战略要求。站在人与自然和谐共生的高度谋划发展，不仅是事关统筹推进"五位一体"总体布局、协调推进"四个全面"战略布局的重大要求，也是加快发展方式绿色转型必须秉持的重大原则。这为加快发展方式绿色转型提供了更为全面的保障、更加明确的指引。无论是经济建设、政治建设、文化建设、社会建设，还是生态文明建设本身等各方面、各领域、各环节，都要在促进人与自然和谐共生的前提下统筹考虑、一体谋划、综合施策。

坚持用好一个思想方法。系统观念是一个具有基础性的思想和工作方法。加快发展方式绿色转型必须更加注重系统观念的实践深化和科学运用。要打好统筹产业结构调整、污染治理、生态保护、应对气候变化的"组合拳"，在协同推进降碳、减污、扩绿、增长等多重目标中，寻求探索最佳平衡点。特别要确保安全降碳，推动在经济发展中促进绿色低碳转型，在绿色转型中推动经济实现质的有效提升和量的合理增长。

有力推进一系列重要任务。党的二十大报告对加快发展方式绿色转型作出明确的任务安排。要以久久为功的战略定力、壮士断腕的转型决心，加快推动产业结构、能源结构、交通运输结构等调整优化。要抓住转变资源利用方式、提高资源利用效率这一关键环节，实施全面节约战略，推进各类资源节约集约利用，加快构建废弃物循环利用体系。要强化经济社会发展绿色化、低碳化关键支撑，完善支持绿色发展的财税、金融、投资、价格政策和标准体系，健全资源环境要素市场化配置体系，加快节能降碳先进技术研发和推广应用。要引导更加广泛的公众参与，推动生态环境保护由"要我做"的外部压力和公益性倡导，转变为"我要做"的思想自觉和行动自觉，汇聚形成强大的社会合力。

谱写新时代人与自然和谐共生新华章[*]

习近平总书记在党的二十大报告中指出，中国式现代化是人与自然和谐共生的现代化。尊重自然、顺应自然、保护自然，是全面建设社会主义现代化国家的内在要求。党的十八大以来，以习近平同志为核心的党中央大力推进生态文明建设，积极探索人与自然和谐共生之路，系统形成习近平生态文明思想，进一步丰富和拓展了现代化的内涵与外延，不断丰富和发展了人类文明新形态。我们要深入学习领会，坚持好、运用好贯穿其中的马克思主义立场观点方法，奋力谱写新时代人与自然和谐共生新华章。

生态文明建设取得历史性成就

在实践基础上创立的习近平生态文明思想，为实现人与自然和

———————————
　　[*] 原文刊登于《经济日报》2022 年 12 月 6 日第 10 版，作者：习近平生态文明思想研究中心。

谐共生的现代化提供了科学指引和根本遵循。在习近平生态文明思想的科学引领下，我们攻克了生态环境领域许多长期没有解决的难题，办成了许多事关长远的大事要事，美丽中国建设迈出重大步伐，创造了举世瞩目的生态奇迹和绿色发展奇迹。

过去十年，我国以年均 3% 的能源消费增速支撑了年均超过 6% 的经济增长；全国地级及以上城市细颗粒物（$PM_{2.5}$）年均值由 2015 年的 46 微克/立方米降至 2021 年的 30 微克/立方米，成为全球大气质量改善速度最快的国家；全国地表水优良断面比例达 84.9%，接近发达国家水平；土壤污染风险得到有效管控，全面禁止"洋垃圾"入境，实现固体废物"零进口"目标。我国生态文明制度体系更加健全，污染防治攻坚向纵深推进，绿色、循环、低碳发展迈出坚实步伐，生态环境保护发生历史性、转折性、全局性变化。我们的祖国天更蓝、山更绿、水更清，人民群众生态环境获得感幸福感安全感持续增强。我国生态环境保护成就得到国际社会广泛认可，成为全球生态文明建设的重要参与者、贡献者、引领者。这些巨大成就，是新时代加快推进人与自然和谐共生的现代化的信心和力量之源。实践表明，只要坚持党的全面领导，坚持以习近平生态文明思想为指引，人与自然和谐共生的现代化必然能够实现。

科学研判当前形势

科学判断形势是我们党制定正确路线、方针、政策的基础，也是我国革命、建设和改革成功的宝贵经验。生态环境修复和改善，是一个需要付出长期艰苦努力的过程，不可能一蹴而就，必须坚持不懈、奋发有为。党的二十大报告在充分肯定党和国家事业取得举世瞩目成就的同时，明确指出我们的工作还面临不少困难和问题，要求我们清醒看到"生态环境保护任务依然艰巨"。

习近平总书记强调，中国式现代化既有各国现代化的共同特征，更有基于自己国情的中国特色。其中之一就是我国现代化是人与自然和谐共生的现代化，注重同步推进物质文明建设和生态文明建设。促进人与自然和谐共生，是以习近平同志为核心的党中央对中国特色社会主义生态文明建设认识的新突破，是在更高层次上创造人类文明新形态的必然趋势。

建设生态文明是一场持久战，绝不是轻轻松松、敲锣打鼓就能实现的。习近平总书记指出，当前，我国生态文明建设仍然面临诸多矛盾和挑战，生态环境稳中向好的基础还不稳固，从量变到质变的拐点还没有到来，生态环境质量同人民群众对美好生活的期盼相比，同建设美丽中国的目标相比，同构建新发展格局、推动高质量发展、全面建设社会主义现代化国家的要求相比，都还有较大差距。从国内看，产业结构调整有一个过程，传统产业所占比重依然较高，战略性新兴产业、高技术产业尚未成长为经济增长的主导力量，能源结构没有得到根本性改变，重点区域、重点行业污染问题没有得到根本解决，实现碳达峰、碳中和任务艰巨，资源环境对发展的压力越来越大。从国际看，绿色经济已经成为全球产业竞争制高点，一些西方国家对我国大打"环境牌"，多方面对我国施压，围绕生态环境问题的大国博弈十分激烈。新征程上，我们要始终保持战略定力，保持"日拱一卒"的韧劲，坚定"滴水穿石"的执着，持之以恒推进生态文明建设。

建设人与自然和谐共生的现代化

党的二十大报告在充分肯定过去五年和新时代十年我国生态文明建设成就的基础上，深刻阐明中国式现代化是人与自然和谐共生的现代化，对推动绿色发展、促进人与自然和谐共生作出重大安排部署，为推进美丽中国建设指明了前进方向。面对新的形势任务，习近平总书记强调，统筹产业结构调整、污染治理、生态保护、应对气候变化，协同推进降碳、减污、扩绿、增长。我们要不断深化对人与自然和谐共生的规律性认识，坚持节约优先、保护优先、自然恢复为主的方针，努力建设人与自然和谐共生的现代化。

新使命呼唤新担当。奋力谱写新时代人与自然和谐共生新华章，必须完整、准确、全面贯彻新发展理念，加快发展方式绿色转型，加快推动产业结构、能源结构、交通运输结构等调整优化，实施全面节约战略，发展绿色低碳产业，推动形成绿色低碳的生产方式和生活方式。深入推进环境污染防治，坚持精准治污、科学治污、依法治污，保持力度、延伸深度、拓宽广度，以更高标准打好蓝天、碧水、净土保卫战，集中攻克老百姓身边的突出生态环境问题。提升生态系统多样性、稳定性、持续性，坚持山水林田湖草沙一体化保护和系统治理，加快实施重要生态系统保护和修复重大工程，实施生物多样性保护重大工程，建立生态产品价值实现机制。积极稳妥推进碳达峰碳中和，认真落实碳达峰碳中和"1+N"政策体系，深入推进能源革命，推动能源清洁低碳高效利用，健全碳排放权市场交易制度，积极参与应对气候变化全球治理。

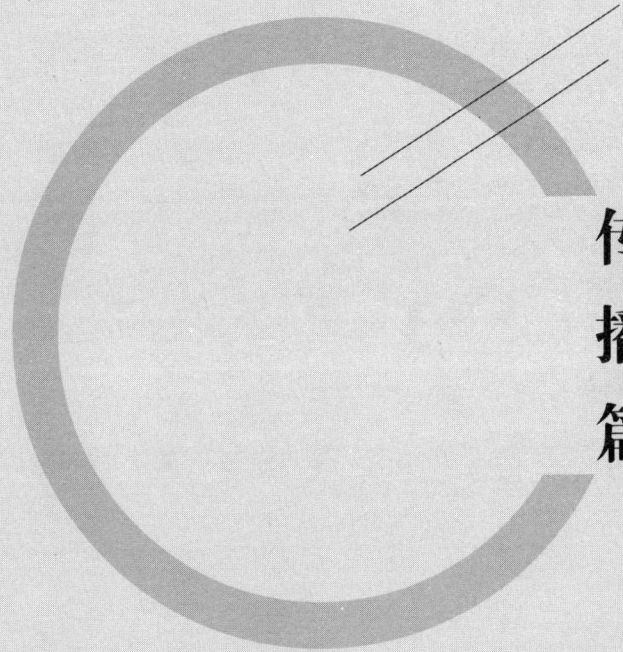

传播篇

保持战略定力，
科学有序推进"双碳"目标[*]

党的二十大报告提出，推动绿色发展，促进人与自然和谐共生。必须牢固树立和践行绿水青山就是金山银山的理念，站在人与自然和谐共生的高度谋划发展。

如何理解站在人与自然和谐共生的高度谋划发展？近日，习近平生态文明思想研究中心副主任、生态环境部环境与经济政策研究中心党委副书记兼纪委书记胡军接受了《21世纪经济报道》记者（以下简称《21世纪》）的专访，就党的二十大报告的新表述、新概括、新论断进行解读。

胡军表示，"我们要学深悟透党的二十大精神，充分认识实现'双碳'目标的重要性、紧迫性和艰巨性，深入分析推进'双碳'工作面临的困难和挑战，保持战略定力，科学有序推进，明确时间表、路线图、施工图，认真落实碳达峰碳中和'1+N'政策体系，扎扎实实把党中央决策部署落到实处"。

---

* 原文为胡军于2022年11月30日接受《21世纪经济报道》记者专访的报道。

站在人与自然和谐共生的高度谋划发展

《21 世纪》：党的二十大报告提出，要推动绿色发展，促进人与自然和谐共生。其中有哪些新表述？

胡军：党的二十大报告在充分肯定过去五年和新时代十年我国生态文明建设成就的基础上，对推动绿色发展、促进人与自然和谐共生作出重大部署。这些重大部署既延续了十九届五中全会、六中全会相关要求，也结合新形势新问题，提出了很多新观点、新论断、新要求，我们要认真学习领悟，坚决贯彻落实。

首先，报告鲜明提出"尊重自然、顺应自然、保护自然，是全面建设社会主义现代化国家的内在要求"的重大论断。

一方面，人与自然的关系是人类社会最基本的关系，人与自然是生命共同体，无止境地向自然索取甚至破坏自然必然会遭到大自然的报复。我国拥有 14 亿多人口，全面建设社会主义现代化国家，如果走欧美发达国家老路，去大量消耗资源，去污染环境，是难以为继、走不通的。

另一方面，报告明确提出，从现在起，我们党的中心任务就是团结带领全国各族人民全面建成社会主义现代化强国、实现第二个百年奋斗目标，以中国式现代化全面推进中华民族伟大复兴。同时，高质量发展是全面建设社会主义现代化国家的首要任务；推动经济社会发展绿色化、低碳化是实现高质量发展的关键环节。从内在要求，到中心任务、首要任务和关键环节，环环相扣、紧密相连，绿色低碳发展、高质量发展和中国式现代化，在理论逻辑、任务逻辑、行动逻辑上，更加紧密、更加内生、更加融合。没有发展方式的绿色转型，发展就难以实现高质量，就会影响全面建成社会主义现代化强国的历史进程。因此，必须尊重自然、顺应自然、保护自然，走人与自然和谐共生之路。

其次，报告鲜明提出"站在人与自然和谐共生的高度谋划发展"的明确要求。站在人与自然和谐共生的高度谋划发展，是以习近平同志为核心的党中央关于中国特色社会主义生态文明建设认识和实践的新突破，是在更高层次上创造人类文明新形态的必然趋势。这是立足我国进入全面建设社会主义现代化国家、实现第二个百年奋斗目标的新发展阶段，对谋划经济社会发展提出的新要求。必须牢固树立和践行绿水青山就是金山银山的理念，努力建设人与自然和谐共生的现代化。

再次，报告鲜明提出"统筹产业结构调整、污染治理、生态保护、应对气候变化，协同推进降碳、减污、扩绿、增长"的路径策略。报告将"产业结构调整"作为重要抓手，与"污染治理、生态保护、应对气候变化"统筹考虑，是基于我国国情的重大实践创新。从"三个统筹"到"四个统筹"，不仅有利于减污降碳协同增效，更是从发展层面打通了"降碳、减污、扩绿、增长"协同推进路径，体现了我们党以绿色发展促进人与自然和谐共生的信心和决心。同时，"统筹"和"协同推进"，也是一套"组合拳"，体现了鲜明的系统思维理念，清晰地勾画出实现美丽中国建设目标的路径策略。我们要坚持系统观念，在多重目标中寻求探索最佳平衡点，在安全降碳的前提下，促进绿色低碳转型发展，推动经济实现质的有效提升和量的合理增长。

最后，报告鲜明提出一系列新的具体举措。比如，"健全资源环境要素市场化配置体系"，这是我国资源环境领域一项重大的、基础性的机制创新，是充分发挥市场在资源环境要素配置中决定性作用的一项重要制度改革，对于提升资源环境要素优化配置和节约集约安全利用水平具有重要作用。再比如，提升生态系统"多样性、稳定性、持续性"，是对提升生态系统"质量和稳定性"的进一步丰富和完善。"多样性"表明需要统筹山水林田湖草沙等生态系统要素，同时要兼顾自然生态系统和社会生态系统等；"持续性"展现的是生态系统的自稳定性、自组织性和自适应性，体现了"保护优先、自然恢复"的理念。这些新的部署指向性更加明确、操作性更加科学。

《21 世纪》：党的十九大报告把"坚持人与自然和谐共生"纳入新时代坚持和发展中国特色社会主义的基本方略。党的二十大报告指出，必须牢固树立和践行绿水青山就是金山银山的理念，站在人与自然和谐共生的高度谋划发展。如何理解这一表述的变化？

胡军：坚持人与自然和谐共生是习近平生态文明思想的基本原则。这一理念在以习近平同志为核心的党中央治国理政实践中不断丰富和发展。党的十八大明确，到 2020 年全面建成小康社会，目标之一就是"推动形成人与自然和谐发展现代化建设新格局"。党的十九大强调把"人与自然和谐共生"纳入新时代坚持和发展中国特色社会主义基本方略，党的十九届五中全会首次提出"建设人与自然和谐共生的现代化"。新时代的十年以来，全党全社会深入践行这一理念，推动我国生态环境保护发生历史性、转折性、全局性变化。

党的二十大报告强调"站在人与自然和谐共生的高度谋划发

展"。这一最新重大理论成果，是对习近平生态文明思想的进一步丰富和发展，开辟了马克思主义中国化时代化在生态文明领域的新境界。站在人与自然和谐共生的高度谋划发展，"发展"的内涵更加丰富，要求从中国特色社会主义事业总体布局出发，强化顶层设计，统筹谋划经济建设、政治建设、文化建设、社会建设、生态文明建设各方面各领域各环节发展，对于全面建成社会主义现代化强国、实现第二个百年奋斗目标，以中国式现代化全面推进中华民族伟大复兴，具有十分重要的意义。我们要坚持可持续发展，坚持节约优先、保护优先、自然恢复为主的方针，像保护眼睛一样保护自然和生态环境，坚定不移走生产发展、生活富裕、生态良好的文明发展道路，实现中华民族永续发展。

推动形成绿色低碳的生产方式和生活方式

《21世纪》：党的二十大报告指出，要统筹产业结构调整、污染治理、生态保护、应对气候变化，协同推进降碳、减污、扩绿、增长。这几个方面如何协调推进与发展？

胡军：党的二十大报告指出，要统筹产业结构调整、污染治理、生态保护、应对气候变化，协同推进降碳、减污、扩绿、增长。这是实现"双碳"目标、促进人与自然和谐共生的重要方法路径，最终目的是"推进生态优先、节约集约、绿色低碳发展"。

作为重要的方法路径，协同推进降碳、减污、扩绿、增长，必须处理好四对关系：发展和减排的关系、整体和局部的关系、长远目标和短期目标的关系、政府和市场的关系。同时，降碳、减污、扩绿、增长是一个完整的系统工程，降碳、减污是做减法，扩绿、增长是做加法。"降碳"可以从源头上减少污染物排放，"减污"可以提高生态环境质量。降碳、减污，降低的是高碳经济，减少的是黑色经济，增加的是低碳经济、绿色经济和美丽经济。"扩绿"可以增强碳汇能力，提升生态系统多样性、稳定性和持续性，进一步扩大环境容量。"增长"只有建立在生态环境高水平保护的基础上，才能使经济发展实现质的有效提升和量的合理增长成为可能，从而推动更高质量、更有效率、更加公平、更可持续、更为安全的发展。必须坚持系统观念，把"双碳"工作纳入生态文明建设整体布局和经济社会发展全局，构建降碳、减污、扩绿、增长协同推进的制度安排和统筹协调机制，在多重目标中寻求动态平衡，做到一体谋划、一体部署、一体推进、一体考核。

《21 世纪》：党的二十大报告指出，加快发展方式绿色转型。倡导绿色消费，推动形成绿色低碳的生产方式和生活方式。如何加快生产端和消费端的绿色转型？

胡军：推动经济社会发展绿色化、低碳化是实现高质量发展的关键环节。加快发展方式绿色转型，就是要尽快彻底改变过去那种以牺牲生态环境为代价换取一时一地经济增长的做法，从生产端和消费端同时发力，推动形成绿色低碳的生产方式和生活方式。

生产端是推进绿色低碳转型的主力军。

第一，要加快调整优化经济结构，从源头推动发展方式绿色转型。优化产业结构，加快传统产业改造升级，推动战略性新兴产业、高技术产业、现代服务业加快发展；优化能源结构，大力发展非化石能源，加快发展风电、太阳能发电，积极安全有序发展核电，大力推进煤炭等化石能源清洁低碳高效利用；优化交通运输结构，大力发展多式联运，促进新能源汽车生产和消费。

第二，要实施全面节约战略，推进各类资源节约集约利用，实行最严格的耕地保护、水资源管理制度，加强高能耗行业管理，严格控制钢铁、化工、水泥等主要用煤行业煤炭消费，不断提升工业领域节能和效能。

第三，要发展绿色低碳产业，推动互联网、大数据、人工智能、第五代移动通信（5G）等新兴技术应用，建设绿色制造体系和服务体系，培育壮大节能环保产业、清洁生产产业、清洁能源产业。同时，还要不断完善支持绿色发展的财税、金融、投资、价格政策和标准体系，健全资源环境要素市场化配置体系，加快健全绿色低碳技术体系。

消费端绿色化是绿色生活方式的核心要素和内在要求，是倒逼生产方式绿色转型的重要推动力。要大力弘扬社会主义生态文明观，加强生态文明宣传教育，增强全民节约意识、环保意识、生态意识，培育生态道德和行为准则。开展全民绿色行动，倡导绿色生活方式，积极引导绿色消费，推广绿色产品，建立绿色消费激励机制。鼓励推广绿色衣着消费，大力推广绿色有机食品、农产品，提倡绿色居住，鼓励使用节能节水产品，大力倡导公共交通出行。积极推进节约型机关、绿色家庭、绿色学校、绿色社区、绿色商场、绿色建筑等示范创建行动，让简约适度、绿色低碳、文明健康的绿色生活方式在全社会蔚然成风。

积极稳妥推进碳达峰碳中和

《21 世纪》：党的二十大报告提出积极稳妥推进碳达峰碳中和，立足我国能源资源禀赋，坚持先立后破，有计划分步骤实施碳达峰行动。关于"双碳"的表述传递了哪些信号？

胡军：我国力争于 2030 年前二氧化碳排放达到峰值，努力争取 2060 年前实现碳中和。这是以习近平同志为核心的党中央统筹国内国际两个大局作出的重大战略决策。党的二十大报告提出积极稳妥推进碳达峰碳中和，立足我国能源资源禀赋，坚持先立后破，有计划分步骤实施碳达峰行动，体现了我们党对"双碳"工作规律性、科学性的正确认识。

碳达峰不是"碳冲锋"，必须正确认识和把握。

首先，要立足我国富煤贫油少气的基本国情去认识"双碳"工作。2021 年，我国一次能源消费中化石能源占比为 83.4%，其中煤炭占比仍高达 56%，这是最大的实际。如果传统能源逐步退出不是建立在新能源安全可靠的替代基础上，就会对经济发展和社会稳定造成冲击。必须坚持先立后破，一手抓好煤炭清洁高效利用，一手促进新能源和清洁能源发展。不能新的吃饭家伙还没拿到手，就先把手里吃饭的家伙扔了。

同时，我国产业结构偏重、资源利用效率偏低的矛盾仍然突出，产业结构转型压力仍然巨大。我国作为世界上最大的发展中国家，实现"双碳"目标意味着将完成全球最高碳排放强度降幅，用全球历史上最短的时间实现从碳达峰到碳中和，这无疑将是一场硬仗，需要付出极其艰苦的努力。因此，"双碳"工作要坚定不移推进，但不可能毕其功于一役，必须统筹处理好发展和减排、降碳和安全、破和立、整体和局部、短期和中长期、政府和市场、国内和国际等多方面多维度关系，坚决纠正运动式"减碳"，坚持先立后破，稳中求进，逐步实现。

我们要学深悟透党的二十大精神，充分认识实现"双碳"目标的重要性、紧迫性和艰巨性，深入分析推进"双碳"工作面临的困难和挑战，保持战略定力，科学有序推进，明确时间表、路线图、施工图，认真落实碳达峰碳中和"1+N"政策体系，扎扎实实把党中央决策部署落到实处。

《21世纪》：针对"双碳"目标，中国已经构建了"1+N"政策体系。其中应该包括哪些类型的实施方案？

胡军：2021年，习近平总书记在《生物多样性公约》第十五次缔约方大会领导人峰会上指出，为推动实现碳达峰、碳中和目标，中国将陆续发布重点领域和行业碳达峰实施方案和一系列支撑保障措施，构建起碳达峰碳中和"1+N"政策体系。

"1+N"政策体系，"1"是我国实现碳达峰碳中和的指导思想和顶层设计，由《关于完整准确全面贯彻新发展理念做好碳达峰碳中和工作的意见》和《2030年前碳达峰行动方案》两个顶层设计文件构成，明确了碳达峰碳中和工作的时间表、路线图、施工图。"N"是重点领域、重点行业实施方案及相关支撑保障方案，包括能源、工业、城乡建设、交通运输、农业农村、生态碳汇、应对气候变化等重点领域实施方案，煤炭、石油天然气、钢铁、有色金属、石化化工、建材等重点行业实施方案，以及统筹协调、科技金融支撑、财政支持、统计核算、人才培养、全民行动等支撑保障方案。同时，还应该包括各地以战略性指导文件、保障支撑文件、地方性法规等形式出台的具体实施政策。

总的来看，碳达峰碳中和"1+N"政策体系已基本建立，各领域重点工作有序推进，为碳达峰碳中和工作提供坚强的制度支撑。下一步，还要进一步完善碳达峰碳中和"1+N"政策体系，加快推动相关政策文件出台实施，做好政策解读和宣传引导，扎实抓好各领域工作落实。

迈入生态文明新时代*

2022 年 8 月 1 日，来自河北石家庄石府小区的"天空摄影师"王汝春，像往常一样拿起相机记录下了蓝天下的世纪公园。自 2014 年起，他坚持每天早上拍摄同一片天空，"从 69 岁拍到 77 岁，蓝天照一年比一年多"。翻阅已有 3000 多张照片的"天空日记"，王汝春感慨不已。

小小镜头定格的是湛蓝的天空，记录的是一幅青山常在、绿水长流、空气常新的美丽中国绿色画卷。

时间是最客观的书写者，忠实地记录着奋进者的步伐。

习近平生态文明思想为生态文明建设提供了行动指南，指引生态文明建设取得历史性成就

党的十八大以来，以习近平同志为核心的党中央把生态文明建设作为关系中华民族永续发展的根本大计，从思想、法律、体制、组

---

* 原文刊登于《人民日报海外版》2022 年 8 月 30 日第 5 版，作者：俞海、宁晓巍。

织、作风上全面发力，全方位、全地域、全过程加强生态环境保护，谋划开展一系列根本性、开创性、长远性工作，中国生态文明建设和生态环境保护进入认识最深、力度最大、举措最实、推进最快、成效最好的时期。

十年来，生态文明理念深入人心，"绿水青山就是金山银山"理念已经成为全党全社会的共识和行动；

十年来，绿色低碳转型深入推进，经济发展由高速增长阶段转入高质量发展阶段；

十年来，生态环境治理显著改善，蓝天白云、清水绿岸、鸟语花香正在成为中国的常态；

十年来，生态文明体制改革不断深化，生态文明制度建设的"四梁八柱"已基本构建；

......

美丽中国建设迈出重大步伐，中国生态文明建设发生历史性、转折性、全局性变化，创造了举世瞩目的生态奇迹和绿色发展奇迹。

回顾十年来的奋斗历程，我们深刻感悟到中国生态文明建设取得历史性成就、发生历史性变革，根本在于以习近平同志为核心的党中央的坚强领导和习近平生态文明思想的科学指引。

2018 年 5 月，全国生态环境保护大会在北京召开，会上正式提出的习近平生态文明思想，成为新时代中国生态文明建设的根本遵循和行动指南。作为习近平新时代中国特色社会主义思想的重要组成部分，习近平生态文明思想深刻阐释了人与自然、保护与发展、环境与民生、国内与国际等关系，对新形势下中国生态文明建设的战略定位、目标任务、总体思路、重大原则作出系统阐释和科学谋划。

这一思想坚持中国共产党对生态文明建设的全面领导，强调把生态文明建设摆在全局工作的突出位置；

这一思想坚持生态兴则文明兴，强调生态环境是人类生存和发展的根基，生态环境变化直接影响文明兴衰演替；

这一思想坚持人与自然和谐共生，强调尊重自然、顺应自然、保护自然，始终站在人与自然和谐共生的高度来谋划经济社会发展；

这一思想坚持绿水青山就是金山银山，强调绿水青山既是自然财富、生态财富，又是社会财富、经济财富；

这一思想坚持良好生态环境是最普惠的民生福祉，强调环境就是民生，青山就是美丽，蓝天也是幸福；

这一思想坚持绿色发展是发展观的深刻革命，强调绿色发展是解决污染问题的根本之策；

这一思想坚持统筹山水林田湖草沙系统治理，强调从系统工程和全局角度寻求新的治理之道；

这一思想坚持用最严格制度最严密法治保护生态环境，强调让制度成为刚性的约束和不可触碰的高压线；

这一思想坚持把建设美丽中国转化为全体人民自觉行动，强调每个人都是生态环境的保护者、建设者、受益者；

这一思想坚持共谋全球生态文明建设之路，强调建设绿色家园是人类的共同梦想。

这"十个坚持"构成了系统完整、逻辑严密、内涵丰富、博大精深的科学体系，深刻回答了为什么建设生态文明、建设什么样的生态文明、怎样建设生态文明等重大理论和实践问题，为生态文明建设提供了科学、全面、长远的指导思想和实践指南。

习近平生态文明思想这一行动指南，
来源于实践，根深叶茂，源远流长

习近平生态文明思想从中国生态文明建设的客观实际和丰富实践出发，坚持守正与创新相统一、基本原理与最新成果相贯通，既继承马克思主义自然观、生态观，吸收中华优秀传统生态文化，又借鉴与超越全球可持续发展经验成果，有了许多新探索，赋予马克思主义和中华优秀传统文化崭新的思想内容和时代内涵，实现了人类文明发展史上的一次重大理论创新和思想变革，开辟了人类可持续发展理论和实践的新境界。这正是习近平生态文明思想的独特魅力和优势所在。

习近平同志是习近平生态文明思想的主要创立者，为这一思想的创立发挥决定性作用、作出决定性贡献。

早在陕北插队时，习近平就认识到人与自然是生命共同体，对自然的伤害最终会伤及人类自己；在河北正定，习近平推动成立中国第一个农村研究所，开展"循环经济"试点探索；在福建，习近平五下长汀治理水土流失，狠抓筼筜湖污水治理，极具创见性地提出"青山绿水是无价之宝"的绿色生态理念；在浙江，习近平提出"绿水青山就是金山银山"的科学论断，着力创建生态省，打造"绿色浙江"……

对生态环境的高度重视，习近平总书记一以贯之。从党的十八届一中全会上强调"把生态文明建设放到现代化建设全局的突出地位",到党的十九大报告中指出"我们要建设的现代化是人与自然和谐共生的现代化";从 2018 年全国生态环境保护大会深刻阐述推进新时代生态文明建设必须遵循的"六大原则",到 2020 年在联合国生物多样性峰会上倡议"同心协力,共建万物和谐的美丽世界"……

习近平总书记以丰富的实践经历和不懈的探索,引领中国走向社会主义生态文明新时代。

中国道路不仅属于中国,更属于世界; 习近平生态文明思想既为中国生态文明建设 提供了行动指南,也为全球环境治理、 绿色发展贡献了中国智慧和中国方案

生态环境是人类生存和发展的根基,保持良好生态环境是各国人民的共同心愿。习近平主席在多个重要国际场合提出,"建设生态文明关乎人类未来""面对生态环境挑战,人类是一荣俱荣、一损俱损的命运共同体""共同构建地球生命共同体""共同建设清洁美丽的世界"。

大国主张彰显大国担当。

党的十八大以来,中国坚定践行多边主义,推动《巴黎协定》达成、签署、生效和实施,宣布碳达峰碳中和目标,成功举办《生物多样性公约》第十五次缔约方大会(COP15)第一阶段会议,深入开展绿色"一带一路"建设。中国已经成为全球生态文明建设的重要参与者、贡献者和引领者。

人不负青山，青山定不负人。这是我们对美丽中国的美好期待，也是生态文明建设努力的方向。习近平生态文明思想必将在指引美丽中国建设、实现人与自然和谐共生的现代化的伟大实践中不断发展、持续丰富、更加完善，也必将在指导实践、推动实践中进一步彰显科学理论的真理伟力。

生态兴则文明兴[*]

在清代末期，木兰围场开围放垦，千里松林被砍伐殆尽，西伯利亚寒风长驱直入，致使内蒙古浑善达克沙地南侵，风沙紧逼北京城。

新中国成立后，河北塞罕坝林场的建设者们在"黄沙遮天日，飞鸟无栖树"的荒漠沙地上用心血和汗水浇灌出百万亩人工森林，创造了荒原变林海的绿色奇迹。

如今，这一道坚实的生态屏障不仅阻挡了沙漠南侵、净化了空气、涵养了水源，同时也造福了一方百姓。

历史地看，生态兴衰关系文明兴衰

生态环境是人类生存和发展的根基，生态环境变化直接影响文明兴衰演替。一部人类文明的发展史，就是一部人与自然的关系史。

从世界历史的维度来看，只有"生态兴"才能"文明兴"。四大

———————

* 原文刊登于《人民日报海外版》2022年9月6日第8版，作者：黄炳昭、郭红燕。

187

文明古国无一不是发源于森林茂密、水量丰沛、田野肥沃的地区，而生态环境衰退特别是严重的土地荒漠化最终导致了古代埃及、古代巴比伦的衰落。

从世界现实的视角来看，许多国家曾走过"先污染后治理"的老路，西方发达国家在实现传统工业化的历史进程中，一方面创造了巨大的物质财富，另一方面却给生态环境带来了巨大的破坏，也因此付出了巨大的代价。

从中国历史的层面来看，一些地区也有过破坏生态环境的惨痛教训。塔克拉玛干沙漠的蔓延，湮没了盛极一时的丝绸之路。楼兰古城因野蛮开荒、盲目灌溉，导致孔雀河改道而最终被埋藏在万顷流沙之下。唐代中叶以来，中国经济中心逐步向东、向南转移，很大程度上同西部地区生态环境变迁有关。

"我们不要过分陶醉于我们人类对自然界的胜利。对于每一次这样的胜利，自然界都对我们进行报复。"早在 19 世纪，恩格斯便曾在《自然辩证法》中深刻指出。

"生态兴则文明兴，生态衰则文明衰"，这一论断科学回答了自然生态与人类文明之间的关系，深刻揭示了两者命运与共、兴衰相依的规律，成为新时代生态文明建设的历史依据。

生态文明建设是关系中华民族永续发展的根本大计

生态环境保护是功在当代、利在千秋的事业。在这个问题上，我们没有别的选择。如果不抓紧扭转生态环境恶化趋势，必将付出极其沉重的代价。

1935 年，中国地理学家胡焕庸先生在地图上将黑龙江黑河和云南腾冲两点相连，得到一条气候地理和人口密度的分界线。

"胡焕庸线"东南方 43% 的国土，居住着全国 94% 左右的人口，生态环境压力巨大，而该线西北方 57% 的国土，供养大约全国 6% 的人口，生态系统非常脆弱。

这条分界线，简洁而清晰地勾勒出中国区域间生态和发展不平衡的基础国情。如何弥补这种不平衡、充分发挥各地的资源禀赋，成为中国发展道路上必须回答的问题。

党的十八大以来的十年，是中国生态文明建设力度最大、举措最实、推进最快、成效最好的时期，开启了"生态兴"托举"文明兴"、绿色发展引领社会进步的新阶段。

2016 年 1 月，重庆。"共抓大保护、不搞大开发"掷地有声，开启了长江经济带高质量发展新篇章，为长江这条中华民族的母亲河带来了新的生机。

2021 年，长江流域国控断面Ⅰ～Ⅲ类优良水质比例 97.1%，较 2016 年提高 14.8%，干流水质已连续两年全线达到Ⅱ类；生物多样性显著增强，"微笑天使"长江江豚频频现身……

把修复生态环境摆在压倒性位置，母亲河走出了一条生态优先、绿色发展的新路子。

秦岭和合南北、泽被天下，是中华民族的祖脉和中华文化的重要象征。20 世纪 90 年代以来，秦岭北麓地区不断出现违规建设的别墅项目，严重破坏了生态环境。

2018 年起，一场雷厉风行的专项整治行动在秦岭北麓西安境内展开，依法拆除 1185 栋、依法没收 9 栋，依法收回国有土地 4557 亩、退还集体土地 3257 亩。如今，成群的违建别墅早已不见踪迹，实现了从全面拆除到全面复绿。

生态文明建设是"国之大者"，是关乎中华民族永续发展的根本大计。中华民族生生不息，生态环境要有保证。

生态文明是人类文明发展的历史趋势

历史的长镜头里，愈加彰显出一步一个脚印的力量。习近平总书记站在中华民族永续发展的高度，指明了生态文明之路，擘画了美丽中国的宏伟蓝图。

生态文明是人类文明发展的历史趋势。人类经历了原始文明、农业文明、工业文明，生态文明是工业文明发展到一定阶段的产物，是实现人与自然和谐发展的新要求。

我们必须深刻认识生态环境是人类生存最为基础的条件，更加全面地把握生态与文明的关系，主动认识与遵循经济社会现代化建设规律和人类文明发展规律，坚持走生产发展、生活富裕、生态良好的文明发展道路。

加强生态文明建设，是遵循人类文明发展规律、确保中华民族永续发展的关键抉择，要像保护眼睛一样保护生态环境，像对待生命一样对待生态环境，以对人民群众、对子孙后代高度负责的态度和责任，加强生态文明建设，筑牢中华民族永续发展的生态根基。

地球是人类的共同家园，生态文明建设不仅是尊重自然、顺应自然、保护自然之举，也是实现经济发展与生态保护协调统一之措，更是顺应历史潮流、建设美丽中国，创造人类文明新形态的必由之路。

人与自然和谐共生[*]

秋高气爽，漫步长江两岸，只见水清岸绿、草木葱茏。

近年来，长江经济带 11 省市全面贯彻新发展理念，生态环境保护工作取得明显成效。2021 年，长江流域监测的 1017 个国考断面中，水质优良率达 97.1%，同比增加 1.2 个百分点；流域内完成营造林 1786.6 万亩、石漠化综合治理 391.5 万亩。

"微笑天使"江豚重现人们视野，四鳃鲈鱼、伪虎鲸等水中珍稀动物重返家园。如今的母亲河焕发新颜，绘就了一幅人与自然和谐共生的美好画卷。

人与自然的关系是人类社会最基本的关系

自然界是人类生存发展的物质基础。人本身是自然界的产物，是在自己所处的环境中并且和这个环境一起发展起来的。人作为自然

---

* 原文刊登于《人民日报海外版》2022 年 9 月 13 日第 8 版，作者：郝亮、殷培红。

界的一部分，不是自然界的主宰，而应以自然为根，尊重自然、顺应自然、保护自然。

当人类无序开发、粗暴掠夺自然时，大自然的惩罚必然是无情的。正如习近平总书记所指出："人类对大自然的伤害最终会伤及人类自身，这是无法抗拒的规律。"

曾几何时，中国一度受到江河水系、地下水和饮用水污染问题的困扰，秋冬季节常常受到雾霾天气的袭扰，生态环境的恶劣不仅影响了人民群众正常的生产生活秩序，也给人们的身体健康带来了严重威胁。

人类可以利用自然、改造自然，但只有尊重自然，才能有效防止在开发利用自然上走弯路。当人类合理利用、友好保护自然时，自然将呈现出美好的生态。

党的十八大以来，中国生态环境状况实现了历史性转折，雾霾天气和黑臭水体越来越少，蓝天白云、绿水青山越来越多。生态环境质量的提升也带来了人均健康状况的大幅改善，10 年间，中国人均预期寿命由 75.4 岁提高到了 77.9 岁。

回首上下 5000 年的中国历史，"人与自然和谐共生"的理念早已深深刻入中华民族的文化基因当中。

"观乎天文，以察时变；观乎人文，以化成天下""人法地，地法天，天法道，道法自然"……

古人用质朴睿智的自然观把天地人统一起来，把自然生态同人类文明联系起来，为我们推进人与自然和谐共生的现代化提供了重要思想启迪。

中国式现代化是人与自然和谐共生的现代化

中国建设社会主义现代化具有许多重要特征，其中之一就是中国式现代化是人与自然和谐共生的现代化，注重同步推进物质文明建设和生态文明建设，坚持走生产发展、生活富裕、生态良好的文明发展道路。

放眼世界，自工业革命以来，数百年的工业化进程造成了触目惊心的生态破坏，人类对自然界的过度开发导致了难以弥补的生态创伤。走美欧老路，去大量消耗资源，去污染环境，是难以为继、走不通的。

当不可持续的经济增长方式和生态环境保护发生冲突时，必须把保护生态环境作为优先选择，决不能以牺牲环境为代价去换取一时的经济增长；破坏了绿水青山，就是砸掉了金山银山。

内蒙古自治区，鄂尔多斯。30多年前，这里的库布其沙漠腹地寸草不生、荒无人烟。为改变困境，当地政府和企业联合开展了长期规模化、系统化、产业化治沙绿化，发展沙漠生态光伏、生态旅游和生态农牧业等沙漠生态产业，带动沙区农牧民创业就业，脱贫致富，逐步探索出了一条"产业与扶贫""生态与生意"互促共赢的新路子。

四川，成都。近年来，成都市加快推进公园城市建设，每平方公里的绿道超过了1公里。这些绿道将遍布城乡的公园串联成网，城在园里，园在城中，"出家门即进公园""穿过公园去上班"成为成都人民的生活日常。

如今，中国城市的发展逻辑从单纯实现工业增长回归人本、发展导向从生产转向生活，追求的是人、城、境、业的高度和谐统一。

必须站在人与自然和谐共生的高度来谋划经济社会发展

万物各得其和以生，各得其养以成。

"坚持人与自然和谐共生"，是新时代坚持和发展中国特色社会主义基本方略中的一条，也是新时代生态文明建设的基本原则。

中国特色社会主义进入新时代，人民群众从过去"盼温饱""求生存"，到现在"盼环保""求生态"，环境美成为人民幸福生活的新内涵。只有坚持人与自然和谐共生，还自然以宁静、和谐、美丽，才能更好地满足人民日益增长的优美生态环境需要。

当前，中国生态文明建设正处于压力叠加、负重前行的关键期，推进人与自然和谐共生的现代化注定是一场大仗、硬仗、苦仗。我们必须保持战略定力，坚持节约优先、保护优先、自然恢复为主的方针，形成节约资源和保护环境的空间格局、产业结构、生产方式、生活方式，走人与自然和谐共生的现代化道路。

建设生态文明是中华民族永续发展的千年大计。人与自然和谐共生关乎民族未来、经济高质量发展、全体人民共同富裕以及人的全面发展。"十四五"时期，中国生态文明建设进入了以降碳为重点战略方向、推动减污降碳协同增效、促进经济社会发展全面绿色转型、实现生态环境质量改善由量变到质变的关键时期。必须站在人与自然和谐共生的高度来谋划经济社会发展，像保护眼睛一样保护生态环境，像对待生命一样对待生态环境。

坚持人与自然和谐共生，要的是中国青山常在、绿水长流、空气常新，走的是可持续发展的绿色之路。建设人与自然和谐共生的现代化，必须完整准确全面贯彻创新、协调、绿色、开放、共享的新发展理念，坚持以生态环境高水平保护推动经济社会发展全面绿色转型，一代接着一代干，一棒接着一棒传，驰而不息，久久为功。

绿水青山就是金山银山[*]

安吉余村，一个位于浙江西北部的小山村，青山环抱，绿水环流。

2005 年 8 月 15 日，时任浙江省委书记的习近平来到安吉县考察，他高度肯定当地关停污染环境的矿山转而发展生态经济的做法，鲜明提出了"绿水青山就是金山银山"的科学论断。

这句朴实而又富含哲理的话，指引当地探索出一条经济与生态互融共生、实现脱贫致富的新路子。今天，安吉以中国 1.8% 的竹产量创造了中国 10% 的竹产业产值，中国每三把椅子中，就有一把产自这里。

从"生态美"到"生态富"，从"绿色颜值"到"金色价值"，安吉的变化只是中国生态文明建设的一个缩影，"绿水青山就是金山银山"的重要论断也从一个小山村走向全国，成为习近平生态文明思想的重要组成部分，指引神州大地山川绿起来、人民生活美起来。

* 原文刊登于《人民日报海外版》2022 年 9 月 20 日第 8 版，作者：郭林青、韩文亚。

我们对绿水青山和金山银山之间关系的认识经过的三个阶段，是经济增长方式转变、发展观念不断进步的过程，也是人与自然关系不断调整、趋向和谐的过程

习近平总书记指出，我们既要绿水青山，也要金山银山。宁要绿水青山，不要金山银山，而且绿水青山就是金山银山。

发展经济不能对资源和生态环境竭泽而渔，生态环境保护也不是舍弃经济发展而缘木求鱼。生态环境投入不是无谓投入、无效投入，而是关系经济社会高质量发展、可持续发展的基础性、战略性投入。

当前，中国经济已由高速增长阶段转向高质量发展阶段，生态环境的支撑作用越来越明显。只有把生态环境保护好，把生态优势发挥出来，才能实现高质量发展。如果只讲索取不讲投入、只讲发展不讲保护、只讲利用不讲修复，即便生产总值一时上去了，最终也将葬送经济发展前景。

在实践中，我们对绿水青山和金山银山之间关系的认识经过三个阶段。第一个阶段是用绿水青山去换金山银山，不考虑或者很少考虑环境的承载能力，一味索取资源。第二个阶段是既要金山银山，也要保住绿水青山，这时候经济发展与资源匮乏、环境恶化之间的矛盾开始凸显出来，人们认识到环境是我们生存发展的根本，要留得青山在，才能有柴烧。第三个阶段是认识到绿水青山可以源源不断地带来金山银山，绿水青山本身就是金山银山，我们种的常青树就是摇钱

树，生态优势变成经济优势，形成一种浑然一体、和谐统一的关系，这一阶段是一种更高的境界。

这三个阶段，是经济增长方式转变的过程，是发展观念不断进步的过程，也是人与自然关系不断调整、趋向和谐的过程。

湖北省丹江口市积极担当确保"一库净水永续北送"的政治责任，加强环境治理，全力构筑绿色旅游发展的生态屏障，2019年4月顺利实现脱贫摘帽；新疆维吾尔自治区吐鲁番市通过发展葡萄种植和民俗旅游业，将得天独厚的生态优势转化为发展优势，成为文旅融合的典范，助力当地群众实现了增收致富……

绿色生态是最大的财富、最大的优势、最大的品牌，党的十八大以来，绿水青山就是金山银山的理念已经成为全党全社会的共识和行动。

保护生态环境就是保护生产力，改善生态环境就是发展生产力

"草木植成，国之富也。"

"鱼逐水草而居，鸟择良木而栖。"如果其他各方面条件都具备，谁不愿意到绿水青山的地方来投资、来发展、来工作、来生活、来旅游？

内蒙古自治区赤峰市马鞍山林场，随着森林面积逐年增加，旅游的人多了，山野菜不愁卖了；甘肃省古浪县八步沙林场充分利用沙漠日光足、无污染的优势，培育出了更高品质的有机果蔬；四川省稻城

县、山东省蒙阴县、江西省崇义县等地发展"生态+"产业，推动新业态融合，打造生态品牌；黑龙江、西藏等地的冰天雪地也能成为群众致富、乡村振兴的"金山银山"……

中国大地上的绿色转型，无不揭示了一个道理：保护生态环境就是保护生产力、改善生态环境就是发展生产力。

绿水青山既是自然财富、生态财富，又是社会财富、经济财富。实践证明，生态本身就是经济。保护生态环境就是保护自然价值和增值自然资本，就是保护经济社会发展潜力和后劲，使绿水青山得以持续转化为金山银山。

坚持绿水青山就是金山银山，这是新时代生态文明建设的核心理念，指引着中国建设山更青、水更绿的美丽家园。

人不负青山，青山定不负人

不负青山不负人，既是处理人与自然关系的准则，也是处理经济与环境关系的真谛。

绿水青山和金山银山决不是对立的，关键在人，关键在思路。

党的十八大以来，各地积极探索"守绿换金""添绿增金""点绿成金""借绿生金"等一批转化模式，着力发展"美丽经济"，已有136个地区获得"绿水青山就是金山银山"实践创新基地称号，从"空守宝山而不自知"到"身在宝山硕果累累"，人民群众的获得感、幸福感不断增强。

站在生态文明建设新征程上，习近平总书记指出，要积极探索推广绿水青山转化为金山银山的路径，加快建立生态产品价值实现机制。要健全自然资源资产产权体系、全面建立生态保护补偿机制、加快建立健全以产业生态化和生态产业化为主体的生态经济体系。

绿水青山能够带来金山银山，但金山银山却买不来绿水青山，要让破坏生态环境付出相应代价，保护修复生态环境获得合理回报。生态补偿是对绿水青山就是金山银山理念的生动注解。要通过政府对公共生态产品采购、生产者对自然资源约束性有偿使用、消费者对生态环境附加值付费、供需双方在生态产品交易市场中的权益交易等方式，让保护生态者受益、治理环境者获利。

绿水青山就是金山银山，这是重要的发展理念，是实现可持续发展的内在要求，也是推进现代化建设的重大原则。

建设人与自然和谐共生的现代化，更要努力把绿水青山蕴含的生态产品价值转化为金山银山，让良好生态环境成为人民生活的增长点、成为经济社会持续健康发展的支撑点、成为展现中国良好形象的发力点，把绿水青山建得更美，把金山银山做得更大。

好生态是最普惠的民生福祉[*]

　　湖北省武汉市汉阳区张之洞体育公园，曾经是汉阳炼钢厂冷却池废弃地块，起初这里杂草丛生、污水横流、大量违规建筑夹杂其间，严重影响周边环境。如今，武汉市将这一片荒芜之地打造成滨江生态公园，开园一年多以来累计接待游客超 100 万人次，群众好评率超过 95%。

　　民生是人民幸福之基、社会和谐之本。小小的公园印证的是中国共产党全力解决人民群众反映强烈的突出生态环境问题，努力为群众营造良好生产生活环境的坚定信念和坚决行动。

环境就是民生，青山就是美丽，蓝天也是幸福

　　良好的生态环境是提高人民生活质量、提升人民安全感和幸福感的基础和保障。没有良好的生态环境，我们赖以生存的环境条件将

---

　　* 原文刊登于《人民日报海外版》2022 年 9 月 27 日第 8 版，作者：赵梦雪、杨小明。

无从保证，国家安全也会受到威胁。

雾霾频发、水体黑臭、垃圾遍地、噪声扰民……曾经，脏乱差的生态环境严重影响着人民群众的生产生活，也制约着中国经济社会发展，成为民生之患、民心之痛。

民之所好好之，民之所恶恶之。面对严峻的环境形势和人民日益增长的美好生活需要，习近平总书记提出"良好生态环境是最公平的公共产品，是最普惠的民生福祉""环境保护和治理要以解决损害群众健康突出环境问题为重点""环境就是民生，青山就是美丽，蓝天也是幸福""生态文明建设能够明显提升老百姓获得感，老百姓体会也最深刻"等一系列重要论断，深刻揭示了生态与民生的关系，既阐明了生态环境的公共产品属性及其在改善民生中的重要地位，也丰富和发展了民生的基本内涵。

置身于新疆阿克苏柯柯牙茫茫林海，30多年前的这里黄沙蔽日、一片荒芜，恶劣的生态环境严重影响各族群众的生产生活，形成了集中连片深度贫困地区。如今，在阿克苏各族干部群众携手奋斗下，沙尘肆虐的戈壁荒原筑起了百万亩"绿色长城"，昔日的"风沙策源地"变成"绿色聚宝盆"，显著改善了当地民生，被联合国列为"全球500佳境"之一。

十年来，人民群众对美好生态环境的获得感、幸福感不断提升

生态环境没有替代品，用之不觉，失之难存。生态环境保护既是

重大经济问题，也是重大社会和政治问题。随着中国社会主要矛盾转化为人民日益增长的美好生活需要和不平衡不充分的发展之间的矛盾，人民群众对优美生态环境需要已经成为这一矛盾的重要方面。

党的十八大以来，中国高度重视生态环境保护，决心之大、力度之大、成效之大前所未有。

从生态环境质量来看，2021 年全国地级以上城市 $PM_{2.5}$ 平均浓度比 2015 年下降了 34.8%，全国地表水 Ⅰ ~ Ⅲ 类断面比例达到了84.9%。土壤污染风险得到有效管控，全面禁止"洋垃圾"入境，实现固体废物"零进口"目标。

——空气质量发生了历史性的变化。$PM_{2.5}$ 全国平均浓度从 2015年的 46 微克/立方米降到了 2020 年的 33 微克/立方米，进一步降到了 2021 年的 30 微克/立方米，历史性达到了世卫组织第一阶段过渡值。美国彭博新闻社报道，2013 年到 2020 年这 7 年，中国空气质量改善的幅度相当于美国《清洁空气法案》启动实施以来 30 多年的改善幅度。

——水环境质量发生了转折性的变化。中国 Ⅰ ~ Ⅲ 类优良水体断面比例已经接近发达国家水平，地级及以上城市的黑臭水体基本得到了消除，人民群众的饮用水安全也得到了有效的保障。

——土壤环境质量发生了基础性的变化。出台了《中华人民共和国土壤污染防治法》，开展全国农用地和建设用地的土壤污染详查，实施土壤污染风险管控，土壤污染加重的趋势得到了有效遏制。

2021 年国家统计局数据显示，人民群众对优美生态环境的获得感、幸福感不断提升，生态环境满意度超过了 90%。

保护生态环境就是保护民生，改善生态环境就是改善民生。十年来，无论是实施大气污染治理，还是深入推进中央生态环境保护督察，中国共产党始终坚持以人民为中心，始终把改善生态环境作为党的初心使命，积极回应人民群众所想、所盼、所急，努力向人民交出生态环境质量明显改善的满意答卷。

锲而不舍、驰而不息，
不断满足人民日益增长的优美生态环境需要

当前，中国生态环境质量的改善还是在一个低水平上的提升，离老百姓对美好生活的期盼、离建设美丽中国的目标还有很大的差距，生态环境质量从"量变"到"质变"的拐点还未到来。

习近平总书记强调，现在，人民群众对生态环境质量的期望值更高，对生态环境问题的容忍度更低。要集中攻克老百姓身边的突出生态环境问题，让老百姓实实在在感受到生态环境质量改善。

《中华人民共和国国民经济和社会发展第十四个五年规划和2035年远景目标纲要》指出，要深入打好污染防治攻坚战，建立健全环境治理体系，推进精准、科学、依法、系统治污，协同推进减污降碳，不断改善空气、水环境质量，有效管控土壤污染风险。

生态系统保护和修复、生态环境根本改善不可能一蹴而就，仍然需要付出长期艰苦努力，必须锲而不舍、驰而不息，深入打好污染防治攻坚战，注重综合治理、系统治理、源头治理，突出精准治污、科学治污、依法治污，以更高的标准推动污染防治向纵深发展，用生态环境质量改善的实际成效取信于民、造福于民，让人民过上高品质生活。

绿色发展　走向美好[*]

　　昔日热电厂的烟囱、化工厂的厂房已不见踪迹，取而代之的是生态绿道和焕然一新的新材料产业园，湖北宜昌对 134 家沿江化工企业开展"关改搬转"工作，不仅带来了生态"留白"，还倒逼化工企业放弃粗放的发展模式，加快产业转型升级，迈向绿色发展之路。从"工业锈带"到"生态秀带"，长江岸线上的美丽蝶变正在发生。

　　2012 年 12 月，习近平同志担任中共中央总书记后首次赴地方考察时就强调，着力推进绿色发展、循环发展、低碳发展，加快推进节能减排和污染防治，给子孙后代留下天蓝、地绿、水净的美好家园。

　　习近平总书记指出："杀鸡取卵、竭泽而渔的发展方式走到了尽头，顺应自然、保护生态的绿色发展昭示着未来。"

---

　　* 原文刊登于《人民日报海外版》2022 年 10 月 11 日第 8 版，作者：王宇、黄德生。

绿色发展是解决污染问题的根本之策

绿色发展，就其要义来讲，是要解决好人与自然和谐共生问题。回顾历史，几百年来工业化进程创造了前所未有的物质财富，但也带来了触目惊心的环境破坏，产生了难以弥补的生态创伤。

习近平总书记强调，生态环境问题归根到底是经济发展方式问题。高排放、高污染的增长，不仅不是我们所要的发展，而且反过来会影响长远发展。推动形成绿色发展方式，就是要彻底改变过去那种以牺牲生态环境为代价换取一时经济发展的做法。

水清、岸绿、景美，如今的清泉公园是周边居民最爱的休闲公园。昔日"黑水塘"变成"清水湖"，折射出河北邯郸的环境之变。随着坚持源头防治，提质升级传统产业，钢铁、焦化行业在河北率先完成有组织超低排放改造，通过深入推进矿山治理与生态修复，这座昔日的"钢城""煤城"由"黑"转"绿"，绿色发展让这座重污染城市重新焕发出勃勃生机。

走老路，去大量消耗资源，去污染环境，难以为继！要从根本上解决生态环境问题，必须改变过多依赖增加物质资源消耗、过多依赖规模粗放扩张、过多依赖高能耗高排放产业的发展模式。建立绿色低碳发展的经济体系，促进经济社会发展全面绿色转型，才是实现可持续发展的长久之策。

绿色发展是对生产方式、生活方式、思维方式和价值观念的全方位、革命性变革

发展理念是否对头，从根本上决定着发展成效乃至成败。

浙江率先践行"腾笼换鸟、凤凰涅槃"，也率先探索、推广"亩均论英雄"改革，通过实施资源要素差别化配置政策，推动企业自主自发加快转型升级绿色发展的步伐。

"只要不下雨，我都会骑车上下班……"江西南昌青云谱区市民如是说。骑行成为越来越多市民出行的首要选择，绿色生活方式逐渐深入人心，融入日常。

草原上风车林立、桨叶劲舞，"张北的风点亮北京的灯"。北京冬奥会场馆积极利用可再生能源，是奥运史上首届实现碳中和的奥运会。

中国经济发展不再简单以国内生产总值增长率论英雄，而是按照统筹人与自然和谐发展的要求，从"有没有"转向发展"好不好"、质量"高不高"，追求绿色发展繁荣。

十年间，生态优先、绿色发展的理念在中国大地上开花结果。十年来，中国以年均3%的能源消费增速支撑了年均超过6%的经济增长，能耗强度累计下降了26.4%，碳排放强度下降了34.4%，扭转了二氧化碳排放快速增长的态势，绿色日益成为经济社会高质量发展的鲜明底色。

坚定不移走生态优先、绿色发展之路

绿色是生命的象征、大自然的底色，更是美好生活的基础、人民群众的期盼。

要坚定不移走生态优先、绿色发展之路，加快推动实现更高质量、更有效率、更加公平、更可持续、更为安全的发展，让绿色成为美丽中国最鲜明、最厚重、最牢靠的底色。

加快形成绿色发展方式，重点是调结构、优布局、强产业、全链条。要坚持源头防治，调整产业结构、能源结构、交通运输结构、用地结构。优化国土空间开发格局，加快实施主体功能区战略。培育壮大节能环保产业、清洁生产产业、清洁能源产业，发展高效农业、先进制造业、现代服务业。推进资源全面节约和循环利用，实现生产系统和生活系统循环链接。

推动绿色低碳发展是国际潮流所向、大势所趋，绿色经济已经成为全球产业竞争制高点。

习近平总书记强调，实现碳达峰、碳中和目标，不是别人让我们做，而是我们自己必须要做。要坚持系统观念，处理好发展和减排、整体和局部、长远目标和短期目标、政府和市场的关系，正确认识和把握碳达峰碳中和，将碳达峰碳中和纳入生态文明建设整体布局，把实现减污降碳协同增效作为促进经济社会发展全面绿色转型的总抓手，坚持降碳、减污、扩绿、增长协同推进。

新形势下，要统筹推进区域绿色协调发展，发挥各地比较优势，走合理分工、优化发展的路子，聚焦京津冀协同发展、长江经济带发展、粤港澳大湾区建设、长三角一体化发展、黄河流域生态保护和高质量发展等区域重大战略，打造国家重大战略绿色发展高地，书写新时代区域协调发展新篇章。

"十四五"时期，生态文明建设进入了实现生态环境质量改善由量变到质变的关键时期。新发展阶段对生态文明建设提出了更高要求，必须下大气力推动绿色发展，努力引领世界发展潮流。要坚持不懈推动绿色低碳发展，建立健全绿色低碳循环发展经济体系，促进经济社会发展全面绿色转型。要以更大的力度、更实的措施推进生态文明建设，加快形成绿色生产方式和生活方式，走出一条生产发展、生活富裕、生态良好的文明发展道路。

统筹系统治理　书写生态奇迹[*]

　　高空中的卫星，记录了青海湖畔数十年间沙与水的"进退角逐"。曾经的青海湖，沙进水退，沙地侵蚀湖面分离出一个子湖。如今，水进沙退，子湖已重新回到主湖的"怀抱"。从"沙进水退"到"水进沙退"的转变，有赖于沙丘上连片分布的青杨、松柏等植物，将流动的沙丘牢牢锁定在青海湖畔，构筑起一道坚固的生态屏障。

　　这不仅是大自然的慷慨馈赠，更是统筹山水林田湖草沙系统治理书写的绿色奇迹。

山水林田湖草沙是不可分割的生态系统

　　过去，中国曾发生的一些洪涝灾害，与森林乱砍滥伐有着不可分割的关系：河流中上游植被的过度砍伐，造成土地大面积裸露，加剧了水土流失，最终在天气条件的作用下酿成自然灾害的苦果。破坏了

　　* 原文刊登于《人民日报海外版》2022 年 10 月 25 日第 8 版，作者：常方、王丽。

山、砍光了林，也就破坏了水。山变成了秃山，水变成了洪水，泥沙俱下，地也就变成了没有养分的不毛之地，水土流失、沟壑纵横。

十年前，浙江丽水下垟村梯田中有大片干涸撂荒的土地。2012 年，浙江丽水开始逐步修复瓯江水系，使山泉水能够经由修复后的 80 多条水渠流入梯田，让鱼、螺、虫在田间自由生长，产生的生物粪肥又滋养了梯田。正是这样一个湿地生态循环系统，让梯田重现生机。

山水林田湖草沙是生命共同体。习近平总书记指出，"生态是统一的自然系统，是相互依存、紧密联系的有机链条。人的命脉在田，田的命脉在水，水的命脉在山，山的命脉在土，土的命脉在林和草，这个生命共同体是人类生存发展的物质基础"。

组成生态系统的各个要素相互依存、相互促进、相互制约，其内部蕴含复杂的能量和物质转化关系，如果这个系统中的某个环节发生变化，其他环节也会受到影响。因此，统筹山水林田湖草沙系统治理不能因小失大、顾此失彼，要按照生态系统的整体性、系统性及其内在规律，统筹考虑自然生态各要素、山上山下、地上地下、岸上水里、城市农村、陆地海洋以及流域上下游，进行整体保护、系统修复、综合治理，增强生态系统循环能力，维护生态平衡。

生态保护和修复是一个系统工程

十年来，中国生态保护和修复工作逐步推进，许多"生态疮疤"已被抚平。

秦岭和合南北，泽被天下，是中国的"中央水塔"，但秦岭北麓曾因违规建筑而伤痕累累。经过整治，秦岭脚下 1194 栋违建别墅被拆除或没收，违建别墅区全面复绿。如今的秦岭草木葳蕤、秀美宁静，朱鹮、大熊猫、羚牛、金丝猴等珍稀野生动物种群数量稳中有增。

位于腾格里沙漠南缘的八步沙林场，曾是甘肃省武威市古浪县最大的风沙口，黄沙莽莽，寸草不生。历经 40 多年的荒漠化治理，以"六老汉"为代表的三代治沙人先后在八步沙、黑岗沙以及北部沙区完成治沙造林 25.7 万亩，管护封沙育林草面积达 43 万亩。如今，八步沙的绿意不断延展，还充分利用生态系统自然条件发展起林下养殖、有机果蔬种植等生态农业，从为害一方的"风沙口"变成当地群众增收致富的"聚宝盆"。

实施青藏高原、黄土高原、祁连山脉、河西走廊等生态修复工程，开展大规模国土绿化行动，加强荒漠化治理和湿地保护，构建以国家公园为主体的自然保护地体系……十年来，这些统筹山水林田湖草沙系统治理的有力举措，提升了生态系统的质量和稳定性，保持了自然生态系统的原真性和完整性，丰富了生物多样性，筑牢了国家生态安全屏障。

总体来看，实施生态系统保护和修复重大工程，统筹山水林田湖草沙系统治理，可以更好地解决生态系统性与治理碎片化之间的矛盾，推动实现生态文明建设由点到面、由局部到整体、由短期到长远的根本性突破。

从系统工程和全局角度寻求新的治理之道

黄河流域生态环境的问题在水里，根子在岸上。为贯彻落实黄河流域生态保护和高质量发展重大国家战略，着力打好黄河生态保护攻坚战，2022年8月，生态环境部等12部委联合印发《黄河生态保护治理攻坚战行动方案》，提出河湖生态保护治理、减污降碳协同增效、城镇环境治理设施补短板、农业农村环境治理、生态保护修复五大行动，要求加强综合治理、系统治理、源头治理，推动山水林田湖草沙一体化保护修复。

黄河生态系统是一个有机整体，治理黄河是一项系统性工程，需要统筹谋划上中游、干支流、左右岸，充分考虑不同流域的差异。上游要以水源涵养为重点，中游要突出抓好水土保持和污染治理，下游则要做好湿地保护修复工作。

统筹山水林田湖草沙系统治理，不能再是头痛医头、脚痛医脚，各管一摊、相互掣肘。习近平总书记指出，"如果种树的只管种树、治水的只管治水、护田的单纯护田，很容易顾此失彼，最终造成生态的系统性破坏"。

坚持系统观念，保护生态环境，必须统筹兼顾、整体施策、多措并举，全方位、全地域、全过程开展生态文明建设，做到上下同心、齐抓共管，把保持自然生态系统的原真性和完整性作为一项重要工作，深入推进生态修复和环境污染治理。

道阻且长，行则将至。只有牢固树立"山水林田湖草沙是生命共同体"的系统理念，加强生态保护和环境治理，坚持不懈、久久为功，方能夯实我们生存发展的物质基础，保护好中华民族永续发展的本钱。

筑牢美丽中国建设制度保障[*]

法者，治之端也。

2005 年，松花江发生重大水污染事件，国家累计投入治污资金 78.4 亿元，但涉事企业仅被依法顶格罚款 100 万元。与之形成鲜明对比的是，2017 年法院为造成腾格里沙漠严重污染的八家化工企业，开具了 5.69 亿元的"天价罚单"。

从设置环保处罚上限到实施严惩重罚，新修订的"史上最严环保法"发挥了重要作用。不断健全的生态文明制度体系，为美丽中国建设持续保驾护航。

保护生态环境必须依靠制度、依靠法治

建设生态文明，重在建章立制。

习近平总书记强调："只有实行最严格的制度、最严密的法治，

---

* 原文刊登于《人民日报海外版》2022 年 11 月 1 日第 8 版，作者：王彬、赵梦雪。

才能为生态文明建设提供可靠保障。"良法才能保障善治。必须着力解决违法成本过低、处罚力度不足问题，统筹解决生态环境领域法律法规存在的该硬不硬、该严不严、该重不重问题。

曾经，中国一些地方出现严重破坏生态环境事件，如甘肃祁连山自然保护区生态环境破坏、新疆卡山自然保护区违规"瘦身"、秦岭北麓西安段圈地建别墅等，大多同体制不健全、制度不严格、法治不严密、执行不到位、惩处不得力有关。

解决这些问题，需要运用制度的刚性划定红线，为环境保护提供切实制度保障。

浙江杭州的西溪湿地，作为全国首个国家湿地公园，当地通过实施一套整体保护、系统修复、综合治理的制度举措，一改往日河道淤塞、水质恶化的自然环境，重现"一曲溪流一曲烟"的诗画美景，让制度成为生态文明建设的有力保障。

坚持用最严格制度最严密法治保护生态环境是习近平生态文明思想的核心要义之一。

党的二十大报告指出，深入推进中央生态环境保护督察。从 2015 年底试点开始到现在，中央生态环境保护督察已完成对 31 个省（区、市）和新疆生产建设兵团的两轮全覆盖，并对一些部门和中央企业开展了督察，取得了良好的政治效果、经济效果、社会效果和环境效果。

中央生态环境保护督察推动了习近平生态文明思想落地落实，绿水青山就是金山银山理念成为全党全社会的共识；压实了生态文明建设政治责任，生态文明建设和生态环境保护"党政同责""一岗双责"得到有效贯彻落实；解决了一大批突出生态环境问题；促进了经济高质量发展。

生态环境保护制度长出"牙齿"

青山绿水离不开法治保障。习近平总书记强调，必须把制度建设作为推进生态文明建设的重中之重。

党的十八大以来，中国着力构建系统完整的生态文明制度体系，生态环境法律和制度建设进入了立法力度最大、制度出台最密集、监管执法尺度最严的时期，为推动生态环境保护发生历史性、转折性、全局性变化提供了制度保障。

这十年，生态环境立法实现从量到质的全面提升。将生态文明写入宪法；"史上最严"环境保护法确立了按日连续处罚、查封扣押、行政拘留等制度；制定修订了 20 多部生态环境相关的法律，涵盖了大气、水、土壤、噪声等污染防治领域，以及长江、湿地、黑土地等重要生态系统和要素……中国生态环境领域现行法律达到 30 余部，初步形成了覆盖全面、务实管用、严格严厉的中国特色社会主义生态环境保护法律体系。

这十年，生态文明制度出台最密集。中国建立和实施了中央生态环境保护督察、生态文明目标评价考核和责任追究、河湖长制、生态保护红线、排污许可、生态环境损害赔偿等一系列制度，"四梁八柱"性质的制度体系基本形成。

这十年，监管执法尺度最严。2021 年全国环境行政处罚案件数量，是新环保法实施前的 1.6 倍。2013 年至 2021 年，以污染环境罪定罪的案件年均超过 2000 件，而 2013 年之前每年只有几十件甚至一二十件。

实践证明，只有牢固树立制度权威性，才能真正把生态领域的制度优势转化为治理效能，避免制度成为"橡皮筋""稻草人"，为建设美丽中国提供坚实的制度保障。

推进生态环境治理体系和治理能力现代化

生态环境治理体系和治理能力现代化，是国家治理体系和治理能力现代化的重要组成部分。

习近平总书记强调，要健全党委领导、政府主导、企业主体、社会组织和公众共同参与的现代环境治理体系，构建一体谋划、一体部署、一体推进、一体考核的制度机制。

《关于构建现代环境治理体系的指导意见》明确，到 2025 年，形成导向清晰、决策科学、执行有力、激励有效、多元参与、良性互动的环境治理体系。要持续完善生态环境法律和制度体系，推进精准、科学、依法治污，充分调动各类主体参与环境治理的积极性，推动督察发现问题和警示片披露问题整改，加大对企业的指导帮扶力度，加快构建现代环境治理体系，助力高质量发展。

构建现代环境治理体系，必须坚持党的领导，坚持多方共治，坚持市场导向，坚持依法治理。提高生态环境治理能力现代化水平，需要构建智慧高效的生态环境管理信息化体系，不断完善生态环境监测技术体系，提升国家、区域流域海域和地方生态环境监测基础能力，加强科研攻关。

"制度稳则国家稳，制度强则国家强。"中国生态文明制度建设从夯基垒台、立柱架梁到整体推进、积厚成势，再到全面统筹、协同高效，走出了一条行之有效的新道路。

新征程上，我们要把生态文明制度体系构建好、完善好，有机衔接各项体制机制，建设青山常在、绿水长流、空气常新的美丽中国，接续书写"中国之制"新篇章，赓续创造"中国之治"新辉煌。

全民共建美丽中国*

山西省右玉县 70 多年前荒漠化形势极度严峻，风沙肆虐，地瘠人贫。新中国成立后，右玉人民争做"种树者"，先后在山梁沟壑间栽下上亿棵树木，将林木覆盖率从不足 0.3% 提高到现在的 57%，创造了"不毛之地"变"塞外绿洲"的人类奇迹。

斗转星移，沙海变桑田。一座城、一片绿、一群人，筑起了右玉防风固沙的屏障，带来了生态环境的根本改善，更生动阐释了全民行动的力量。

生态文明是人民群众共同参与共同建设共同享有的事业。党的十八大以来，习近平生态文明思想深入人心，"人与自然和谐共生"的社会共识基本形成，建设美丽中国日益成为全体人民的自觉行动。

让生态文化成为全社会共同的价值理念

生态文化的核心是一种行为准则、一种价值理念。

---

* 原文刊登于《人民日报海外版》2022 年 12 月 6 日第 8 版，作者：王璇、郭红燕。

中华民族向来尊重自然、热爱自然，绵延 5000 多年的中华文明孕育着丰富的生态文化，积淀着中华民族最深沉的生态智慧。"天人合一""道法自然""劝君莫打三春鸟"的朴素哲理被一代代中国人传颂，并散发着愈久弥新的人文魅力。

习近平总书记指出，要建立健全以生态价值观念为准则的生态文化体系，弘扬生态文明主流价值观，倡导尊重自然、爱护自然的绿色价值观念，培养热爱自然、珍爱生命的生态意识。

党的十八大以来，党中央从大局着眼，从长远入手，整体布局生态文明建设。一方面，不断完善全民参与生态文明建设的法律法规政策体系，维护公众环境权益，形成了具有配套性和实操性的全民行动法治保障。另一方面，构建党领导下全民行动的现代环境治理体系。政府、企业、社会组织和人民群众切实行动起来，构建起全民行动环境治理体系，也就形成了美丽中国建设的宏伟格局。

在浙江省湖州市，这座具有近 2300 年建制史的江南古城，将每年 8 月 15 日设为"生态文明日"，制定市民生态文明公约，崇尚生态文明的情怀深深植入城市基因。

在广东省深圳市，越来越多的孩子走进自然，辨识植物、观蝶赏鸟、触摸自然脉络，学会与自然相处，"珍爱自然"的生态意识在孩子们心中生根萌芽。

今日的中国，生态文明的氛围日益浓厚，公众环境责任意识普遍增强，生态环境素养显著提升。越来越多的公众认识到，生态文明建设同每个人息息相关。

推动绿色生活方式逐步深入人心

生态环境问题归根到底是发展方式和生活方式问题。生活方式绿色化既能从源头减少资源消耗和环境污染，也能倒逼生产方式实现绿色转型。

绿色生活并不是抽象的概念，涉及老百姓的衣食住行等方方面面。近年来，越来越多的公众开始在意自己留下的"生态足迹"，选择成为"行动派"，积极践行简约适度、绿色低碳、文明健康的生活方式和消费方式。

厉行节约成为新风尚，在外就餐自觉"光盘"，爱惜粮食、适量点餐、剩饭打包成为文明习惯。

绿色出行成为新常态，以公交、地铁为主的城市公共交通日出行量超过2亿人次，全国100余城市开展了绿色出行创建行动。

垃圾分类融入日常生活，以上海市为代表的部分城镇居民上好垃圾分类"必修课"，做到生活垃圾"分得清、扔得准"，达标率大大提高。

随手关灯关水、少用一张纸巾、夏季空调设置不低于26℃、点外卖不要一次性餐具、优先绿色购买、开通个人碳账户……这些都是"全民绿色行动"的缩影，而"绿色行动"正在点亮美丽中国。

公众在"律己"中，规范自身环境行为，不断养成绿色生活方式。据生态环境部环境与经济政策研究中心《公民生态环境行为调查报告（2021年）》显示，受访者在"呵护自然生态""减少污染产生""节约资源能源""选择低碳出行"等领域环境行为意愿和行为践行程度均较高，基本能够做到"知行合一"。

做生态文明建设的实践者、推动者

生态文明理念真正融入人心还有很长的路要走，让生态文明成为每个人身边的文明，仍需要所有人共同努力。

在辽宁盘锦，民间环保组织黑嘴鸥保护协会爱鸟、护鸟，30 多年坚守鸟类栖息地，创造了濒危鸟类黑嘴鸥数量从 20 世纪 90 年代的千余只增长到目前的 1.5 万余只的奇迹。在中华大地上，许许多多普通人化身为"环保守夜人""生态卫士""护豚使者""环境捍卫者"，在生态文明建设中贡献自己的一份力量。

从"要我环保"到"我要环保"，越来越多的公众行动起来，或是传播生态文明理念，或是守护物种多样性，或是参与污染监督举报，用点滴的公益善举，助力生态文明建设。如今，绿色发展理念已经深入人心，绿色生活方式蔚然成风，建设美丽中国正在转化为每一个中华儿女的自觉行动。

习近平总书记指出："每个人都是生态环境的保护者、建设者、受益者，没有哪个人是旁观者、局外人、批评家，谁也不能只说不做、置身事外。"这深刻回答了生态文明建设和生态环境保护的权责和行动主体问题，彰显了坚持建设美丽中国全民行动的理念。

"积力之所举，则无不胜也；众智之所为，则无不成也。"只要全社会都行动起来，就能汇聚成生态文明建设的磅礴力量。要增强节约意识、环保意识、生态意识，培育生态道德和行为准则，牢固树立社会主义生态文明观。要做生态文明的践行者、推动者，推动绿色行动、绿色消费、监督参与、环境志愿服务等，共绘天蓝、地绿、水清的美丽中国画卷。

共建地球生命共同体[*]

2021年，政府间气候变化专门委员会发布的第六次评估报告指出，2011—2020年全球平均气温比工业化前水平升高 1.1℃左右，过去 50年平均气温为近 2000年来最高，人类生存和发展面临严峻挑战。

放眼全球，欧洲的极端干旱、巴基斯坦的洪水、美国的极端高温和暴雨，南极和北极的冰川加速融化……诸多现象再次表明，气候危机正影响着地球上的每一个人。

面对全球性挑战，各国应勠力同心、携手合作，秉持"共同体"理念，共谋全球生态文明建设，为子孙后代留下清洁美丽的世界。

人类只有一个地球，地球是全人类赖以生存的唯一家园

生态文明建设关乎人类未来。人类能不能在地球上幸福生活，同

---

[*] 原文刊登于《人民日报海外版》2023年1月3日第8版，作者：刘金淼、李丽平。

生态环境有着很大关系。人与自然共生共存，伤害自然最终将伤及人类。工业文明创造了巨大物质财富，但也带来了生物多样性丧失、环境破坏、气候变化的生态危机。

自然资源用之不觉、失之难续。地球上的物质资源必然越用越少，大量耗费物质资源的传统发展方式显然难以为继。与此同时，面对全球人口增长，如果依照现存资源消耗模式生活，那是不可想象的。

当前，地缘冲突、经济放缓、疫情冲击、粮食危机……无不启示我们，生活在一个互联互通、休戚与共的地球村，人类是一荣俱荣、一损俱损的共同体。

2021年，《联合国气候变化框架公约》第二十六次缔约方会议召开，来自190多个国家代表与会。大会完成了《巴黎协定》实施细则遗留问题谈判，就关键十年加速气候行动达成共识，开启了全球应对气候变化的新征程。

作为全球治理的一个重要领域，应对气候变化的全球努力是一面镜子，给我们思考和探索未来全球治理模式、推动建设人类命运共同体带来宝贵启示。

"孤举者难起，众行者易趋。"人类面临的所有全球性问题，任何一国想单打独斗都无法解决，必须开展全球行动、全球应对、全球合作。只有尊重自然、顺应自然、保护自然，探索人与自然和谐共生之路，促进经济发展与生态保护协调统一，才能守护好这颗蓝色星球。

中国生态文明建设惠及全球环境治理

面对全球环境治理前所未有的困难，习近平主席多次站在推动人类永续发展的高度，向世界发出"构建人与自然生命共同体""共建地球生命共同体"的倡议，深刻揭示了共建万物和谐美丽家园的中国智慧。

中国是这么说的，也是这么做的。

十年来，中国成功举办《生物多样性公约》第十五次缔约方大会，中国倡导的生态文明理念，成为联合国议题；中国宣布力争2030年前实现碳达峰、2060年前实现碳中和，进一步提高国家自主贡献力度，并为具有里程碑意义的《巴黎协定》的达成、签署、生效和实施作出重要贡献。

十年来，中国率先发布《中国落实2030年可持续发展议程国别方案》，提前超额完成2020年应对气候变化目标，持续推动产业结构和能源结构调整，可再生能源发电装机规模居世界第一，启动全国碳排放交易市场，构建起碳达峰碳中和"1+N"政策体系，森林面积和蓄积量连续30多年保持"双增长"，人工林面积居全球第一……

十年来，中国以诚意和善意"授人以渔"，已累计安排超过10亿元人民币用于开展气候变化南南合作，为100多个发展中国家开展能力建设培训，与28个国家共同发起"一带一路"绿色发展伙伴关系倡议。

不论是圣克鲁斯河"世界最南端"的水电站，还是智利公交车的"中国红";不论是埃塞俄比亚的气候遥感卫星,还是东南亚的低碳示范区……中国的生态文明建设惠及全球生态环境治理。

推动构建公平合理、合作共赢的全球治理体系

建设绿色家园是人类的共同梦想。保持良好生态环境是各国人民的共同心愿。

习近平主席指出,面对全球环境风险挑战,各国是同舟共济的命运共同体,单边主义不得人心,携手合作方为正道。我们应同心协力,抓紧行动,以自然之道,养万物之生,从保护自然中寻找发展机遇,实现生态环境保护和经济高质量发展双赢。我们也要大力倡导绿色低碳的生产生活方式,从绿色发展中寻找发展的机遇和动力。

作为生态文明建设的践行者,中国将立足新发展阶段、贯彻新发展理念、构建新发展格局,坚定不移走生态优先、绿色发展之路,推动绿色低碳转型创新,加快形成绿色发展方式和生活方式,为全球可持续发展议程作出更大贡献。

中国将继续以雄心和行动与世界各国并肩同行,持续开展应对气候变化南南合作,携手共建人与自然和谐共生、经济与环境协同共进、世界各国共同发展的地球家园。

以党的领导推进生态文明建设*

2012 年 11 月 14 日上午，北京。庄严的人民大会堂，又一次见证了一个历史性时刻——中国共产党第十八次全国代表大会正式通过关于《中国共产党章程（修正案）》的决议，一致同意将生态文明建设作为中国特色社会主义事业总体布局的重要组成部分写入党章。生态文明建设成为党治国理政的重要内容，昭示着中国走向社会主义生态文明新时代。

十年来，以习近平同志为核心的党中央，直面中国之问、世界之问、人民之问、时代之问，厚重书写"绿色答卷"，引领美丽中国建设迈出重大步伐。中华大地的天更蓝、山更绿、水更清。

中国共产党是中国生态文明建设的根本政治保证

"没有共产党就没有新中国！"这句中国人耳熟能详的话，在新

---

* 原文刊登于《人民日报海外版》2023 年 1 月 10 日第 8 版，作者：宁晓巍、张强。

时代又有了新的扩展："没有中国共产党，就没有新中国，就没有中华民族伟大复兴。"这是对奋斗历史的精辟总结，也是对开创未来的深刻启迪。

生态文明建设是关系中华民族永续发展的根本大计，也是关系党的使命宗旨的重大政治问题。中国共产党带领人民建设我们的国家，创造更加幸福美好的生活，秉持的一个理念就是搞好生态文明。

回望来路，中国共产党从思想、法律、体制、组织、作风上全面发力，坚持绿水青山就是金山银山的理念，坚持山水林田湖草沙一体化保护和系统治理，全方位、全地域、全过程加强生态环境保护，生态环境保护发生了历史性、转折性、全局性变化。坚持和加强党的全面领导，是中国生态文明建设取得成功的根本保证。

远眺前路，党中央始终保持战略定力，科学把握生态文明建设规律，对生态文明建设的总体思路、重大原则、目标任务、建设路径等作出全面谋划。党的二十大报告指出，中国式现代化是人与自然和谐共生的现代化，并对推动绿色发展、促进人与自然和谐共生作出重大安排部署，为新时代新征程生态文明建设提供了科学、全面、长远的指导思想和根本遵循。

中国共产党立志于中华民族千秋伟业，致力于为人类谋进步、为世界谋大同，倡导共建清洁、美丽的世界。

2021年，中国共产党与世界政党领导人峰会以视频连线方式举行，浙江安吉设分会场，积极向全世界政党展现中国共产党的绿色发展理念。

中国共产党的执政理念造福中国的同时也赢得世界的尊重。

美国环保协会首席经济学家杜丹德认为："对于中国和全世界来

说，生态文明是一个很有胆识的理念，中国共产党是第一个把生态文明建设写入行动纲领的执政党。"

生态文明建设是党治国理政实践的重要内容

生态环境保护是中国共产党百年辉煌历史中的重要篇章。中国共产党历来高度重视生态文明建设，把节约资源和保护环境确立为基本国策，把可持续发展确立为国家战略。

进入新时代，以习近平同志为核心的党中央加强对生态文明建设的全面领导，把生态文明建设摆在全局工作的突出位置，作出一系列重大决策和战略部署。

从党的十八大把生态文明建设纳入"五位一体"总体布局，到党的十九大明确坚持人与自然和谐共生是新时代坚持和发展中国特色社会主义基本方略的其中一条，再到党的二十大强调促进人与自然和谐共生是中国式现代化的本质要求，生态文明在中国共产党治国理政实践中的地位越来越重。

从新修订的环保法"长出牙齿"，到两轮中央生态环境保护督察受理转办群众举报 28.7 万余件，从推动解决一大批突出环境问题，再到基本构建起生态文明制度体系，中国共产党通过制度法治保护生态环境的举措更加完善。

从先后实施大气十条、水十条、土十条，到中共中央、国务院决定坚决打好污染防治攻坚战、深入打好污染防治攻坚战，再到党的二十大明确深入推进环境污染防治，中国共产党治理污染的决心更加坚定，方法更加科学，作风更加务实。

从 2018 年召开全国生态环境保护大会，正式提出习近平生态文明思想，高高举起新时代生态文明建设的思想旗帜，到如今绿水青山就是金山银山的理念成为全社会共识，中国共产党对共产党执政规律、社会主义建设规律、人类社会发展规律的科学认识更加深化。

党的意志是党中央集中统一领导的体现，也是新时代领路人念兹在兹的为民情怀、生态情怀、天下情怀的彰显。

习近平总书记对生态环境保护看得很重，历来把生态文明建设作为重要工作来抓——

眺望祁连山，提醒"要继续爬坡过坎，实现高质量发展"；驻足汾河岸，叮嘱"让一泓清水入黄河"；到塞罕坝林场，强调"抓生态文明建设，既要靠物质，也要靠精神"；赴海南考察，要求"坚持生态立省不动摇"……

跋山涉水，步履不停；山高水长，映照初心。

我们要牢记习近平总书记的谆谆教诲，坚决贯彻落实党中央关于生态文明建设的重大决策部署，像保护眼睛一样保护生态环境，像对待生命一样对待生态环境。

牢牢把握"坚持和加强党的全面领导"的重大原则

全面建设社会主义现代化国家、全面推进中华民族伟大复兴，关键在党。党的二十大报告中明确了前进道路上必须牢牢把握的"五个重大原则"，其中第一条就是"坚持和加强党的全面领导"。

党的二十大报告指出，生态环境保护任务依然艰巨。加强生态文明建设，推进人与自然和谐共生的现代化，是一场大仗、硬仗、苦仗，必须加强党的领导。

我们要对"国之大者"心中有数，坚决维护党中央权威，不断提高政治判断力、政治领悟力、政治执行力，切实担负起生态文明建设的政治责任，坚决做到令行禁止，确保党中央关于生态文明建设各项决策部署落地见效，使党始终成为风雨来袭时全体人民最可靠的主心骨。

中国共产党领导14亿多人的社会主义大国，既要政治过硬，也要本领高强。

我们要不断提高党领导生态文明建设的能力水平，深化基础性知识的学习，加深对自然规律、经济规律和社会规律的认识，综合运用行政、市场、法治、科技等多种手段加强生态环境治理。

系统观念是具有基础性的思想和工作方法。推进生态文明建设，要更加注重综合治理、系统治理、源头治理，不断提高运用系统观念谋事、干事、成事的能力，把系统观念贯穿到生态环境保护和高质量发展的全过程。

星汉灿烂，北斗指航；沧海横流，砥柱巍然。

新的伟大征程上，毫不动摇坚持和加强党对生态文明建设的全面领导，在党的旗帜下团结成"一块坚硬的钢铁"，我们一定能用新的伟大奋斗创造新的伟业，一定能够实现美丽中国建设的宏伟目标。